SMARTPHONE

Un laboratorio en el bolsillo

Serie: CIENCIAS, 34

MERINO DE LA FUENTE, J. Mariano
Smartphone : Un laboratorio en el bolsillo / J. Mariano Merino de la Fuente. – Valladolid : Universidad de Valladolid, 2023

202 p. ; 24 cm. – (Ciencias ; 34)
ISBN 978-84-1320-260-0

1. Informática móvil 2. Telefonía móvil 3. Teléfonos – Aparatos y material I. Merino de la Fuente, J. Mariano, aut. II. Universidad de Valladolid, ed. III. Serie

004.382.76:621.395.6
621.395.6:004.382.76

Mariano Merino

SMARTPHONE

Un laboratorio en el bolsillo

EDICIONES
Universidad de Valladolid

En conformidad con la política editorial de Ediciones Universidad de Valladolid (http://www.publicaciones.uva.es), este libro ha superado una evaluación por pares de doble ciego realizada por revisores externos a la Universidad de Valladolid.

Motivo de cubierta: Montaje del autor
Diseño de cubierta: Ediciones Universidad de Valladolid

ISBN: 978-84-1320-260-0
Dep. Legal: VA-700-2023

Preimpresión: Ediciones Universidad de Valladolid
Imprime: Podiprint - España

ÍNDICE GENERAL

INTRODUCCIÓN

La presente obra pretende ser una introducción al uso de los teléfonos inteligentes en la enseñanza-aprendizaje de las ciencias experimentales, preferentemente de la Física. Está dirigido, por tanto, a los profesores de Física de la Educación Secundaria, Ciclos Formativos de Grado Medio y Grado Superior e incluso a Profesores de Educación Primaria del *Conocimiento del Medio Natural*. Es igualmente interesante para los estudiantes universitarios cuyas titulaciones estén vinculadas a las ciencias experimentales o las ingenierías así como estudiantes de grado medio.

En la última década, los teléfonos inteligentes han experimentado un desarrollo espectacular tanto en sus capacidades como en sus prestaciones. A las grandes posibilidades en comunicación, tanto en audio como en vídeo y al amplísimo abanico de ofertas en el terreno de lo lúdico, se ha de añadir el extenso campo de aplicaciones en el comercio y la gestión en general. Sin duda, el teléfono inteligente es, hoy por hoy, el invento que en mayor medida está determinando nuestras vidas.

Hagamos ahora un poco de historia: Desde que en 1992 la compañía IBM diseñara su *Simon Personal Communicator*, el primer teléfono inteligente, y fuera lanzado al mercado un año después por Bell South, el mundo de los teléfonos celulares ha conocido un desarrollo espectacular. Concebidos desde un principio como computadores personales, ya los primeros modelos comercializados por Nokia y Ericsson incorporaban calendario, libreta de direcciones, reloj mundial, calculadora, libreta de anotaciones, correo electrónico, fax y juegos. A partir del año 2000, hasta 2010, los teléfonos inteligentes se popularizaron rápidamente. En Europa irrumpieron los modelos Nokia que utilizaban el sistema operativo Symbian y en EEUU pasaba otro tanto con los dispositivos Windows Mobile y BlackBerry. En 2007 Apple lanzó el primer iPhone que funcionaba con su exclusivo sistema operativo iOS y un año después saldría a la luz el sistema operativo Android que fue adoptado por una gran mayoría de fabricantes. Como consecuencia de todo ello, el número de usuarios creció de forma exponencial, las redes se ampliaron y el teléfono inteligente se convirtió en objeto de deseo de, prácticamente, la totalidad de la ciudadanía.

Ya entrada la década de 2010, Google adquirió la empresa Android Inc., lo que supuso una imparable expansión del sistema operativo Android, que desbancó definitivamente a Symbian. Desde entonces, iOS de Apple y Android son los dos sistemas operativos hegemónicos a nivel mundial.

De la mano del espectacular desarrollo de la nanotecnología, los teléfonos inteligentes actuales incorporan eficientes procesadores, numerosos sensores (acelerómetro, giroscopio, sensor de luminosidad, sensor de proximidad, micrófono, GPS, etc.) y memorias internas de 60 Gb o superiores. Vienen equipados con diminutas cámaras con sensores fotográficos cuya definición supera los 15 Mpx. A todo ello se ha de sumar su conectividad a las redes, a *wifi* o a *Bluetooth*.

El panorama se completa con la enorme cantidad y variedad de aplicaciones, muchas de ellas gratuitas, disponibles en los grandes repositorios accesibles a través de la red, que pueden ser descargados e instalados en el teléfono, multiplicando así sus prestaciones. En este estado de cosas no solo los usuarios individuales, particularmente los jóvenes, se han lanzado al uso masivo de los dispositivos móviles sino que también las instituciones públicas y las empresas se han metido de lleno en este mundo cibernético.

Los dispositivos móviles han irrumpido también con fuerza en el mundo de la educación gracias a las enormes posibilidades que ofrecen. Con suma frecuencia, los estudiantes leen los libros de texto en formato PDF en las pantallas de sus ordenadores portátiles o sus tabletas, interactúan desde su casa con sus profesores y estos les proponen los trabajos personales por igual vía.

En los últimos diez años ha surgido una importante línea de investigación en la Didáctica de las Ciencias, muy en particular de la Física, tendente a explotar las posibilidades de los dispositivos móviles en el aprendizaje de la ciencia a través de la experimentación[1].

> "A partir de 2010, los estudios se multiplican y en marzo de 2012 la revista The Physics Teacher, de la American Association of Physics Teachers, crea la columna iPhysicsLabs especializada en la publicación de experimentos docentes con smartphones bajo el sistema operativo iOS. Solo desde el año 2011, hasta 2019, se han publicado más de 150 artículos sobre Didáctica de la Física Experimental con

---

1 Salinas, I. (2019) *Didáctica de la Física Experimental con Smartphones.* Tesis doctoral. Universidad Politécnica de Valencia.

Smartphones, muchos en revistas especializadas internacionales como European Journal of Physics, American Journal of Physics, Revista Brasileira de Ensino de Física, Physics Education y la citada The Physics Teacher" (Cabeza et al., 2018)[2].

En España, la *Revista Española de Física*, publicada por la Real Sociedad Española de Física, también ha publicado diversos artículos sobre esta temática.

Antes de la aparición de los *smartphones*, el aprendizaje experimental de las ciencias se circunscribía al ámbito del laboratorio escolar. En la década de los noventa irrumpieron en los laboratorios escolares las consolas inteligentes de toma y procesado de datos que venían equipadas con una colección de sensores. A estas consolas sucedieron los ordenadores equipados con sistemas operativos cada vez más completos y modernos, que añadían a las anteriores la ventaja de su versatilidad y la posibilidad de utilizar las poderosas hojas de cálculo y las bases de datos creadas pocos años antes. Llegados al momento actual, la posibilidad de que hoy nuestro teléfono inteligente pueda convertirse, por ejemplo, en un magnetómetro o un acelerómetro o un barómetro o un medidor de radiaciones o un medidor de intensidades luminosas o que pueda analizar un sonido complejo mostrando en pantalla su espectro acústico, etc., ha abierto una nueva dimensión en el campo del aprendizaje a través de la experimentación.

> "En este marco, se propone que los estudiantes utilicen su propio *smartphone* como instrumento de observación y medida, controlando los sensores mediante aplicaciones gratuitas. La ventaja de utilizar el móvil es múltiple: por una parte se fomenta el interés del alumnado y por otra, la gama de ensayos existente es variada. No se busca la precisión, sino que los resultados se puedan interpretar de forma fácil e inmediata" (Salinas, 2019).

Los dispositivos móviles inteligentes (ordenadores, tabletas y *smartphones*) ofrecen utilidad y ventajas en tres ámbitos básicos de la educación científica:

- En el ámbito de las relaciones alumno-profesor, trascendiendo más allá de las paredes del aula. Este ámbito ha experimentado recientemente una fuerte eclosión a resultas de la pandemia COVID que mantuvo a buena parte de la población mundial confinada en sus domicilios. Casi todos los

---

2 CABEZA, C., MONTEIRO, M. y MARTÍ, A.C. (2018) "Los Smartphones y la Enseñanza de la Ciencia." 1ª Jornada de Ciencias CEIBAL "Herramientas para la Docencia", LATU junio de 2018.

centros de enseñanza hacen hoy uso de aulas virtuales que incluyen el correo electrónico y la multiconferencia.

- En el ámbito de la información y documentación, los grandes motores de búsqueda de internet, tanto de texto como de vídeo, ofrecen posibilidades casi ilimitadas de acceso a todo tipo de documentos que van mucho más allá que el libro de texto.
- En el ámbito del trabajo experimental, las múltiples y variadas aplicaciones que explotan los sensores, cada vez más numerosos y precisos, permiten convertir nuestro dispositivo en diversos instrumentos de observación y medida. Gracias a ello, la experimentación trasciende más allá de las paredes del laboratorio escolar.

La temática de este libro cae de lleno en el tercer ámbito de la educación científica, sumándose a la corriente de trabajos e investigaciones sobre la utilidad de los dispositivos inteligentes en la enseñanza-aprendizaje de las ciencias experimentales. Pretende, por un lado, dar una idea general del *hardware* y *software* que hacen posible el milagro de tener "un laboratorio en el bolsillo" y por otro, proponer al lector un conjunto variado de proyectos de trabajos experimentales en el más extenso ámbito permitido por el software disponible en el momento.

Para ello, esta obra se ha estructurado en dos partes. La primera se refiere al *hardware* y *software* de los teléfonos inteligentes actuales. Consta de tres capítulos; el primero detalla de forma sencilla e intuitiva la naturaleza y funcionamiento de los principales sensores presentes en los dispositivos móviles, el segundo trata de los periféricos, unos adquiribles en el comercio y otros que pueden ser construidos por el usuario con materiales comunes, que permiten incrementar las posibilidades de nuestro *smartphone*. A todo ello sigue un tercer capítulo dedicado a la descripción de aquellas aplicaciones existentes en los grandes repositorios de acceso libre que permiten materializar la gran variedad de trabajos experimentales propuestos en este libro o descritos en la bibliografía. Si bien el número de aplicaciones es muy amplio, el autor ha preferido centrarse en aquellas que a su juicio son más idóneas, prefiriendo las gratuitas a las de pago.

La segunda parte recoge un amplio conjunto de proyectos de trabajos experimentales, agrupados en campos, que intenta ilustrar con hechos concretos las posibilidades de los dispositivos inteligentes en el área de la educación científica. Este conjunto de trabajos no pretende ser exhaustivo, eso sí, se confía al ingenio y a la motivación del lector la búsqueda y creación de más y mejores trabajos. La exposición de estos proyectos es breve y sencilla. El autor lo ha hecho deliberadamente así, omitiendo la inclusión de resultados típicos o el volcado de datos a aplicaciones de tratamiento de datos experimentales y la inclusión de gráficos derivados de estos tratamientos.

Se pretende dar tan solo una visión de las posibilidades de los dispositivos móviles modernos en la enseñanza y el aprendizaje de las ciencias experimentales. Se confía a los profesores y a los estudiantes el desarrollar y concretar los trabajos que en este libro se exponen así como la búsqueda de nuevas posibilidades.

Tras la lectura de este libro u otros similares, cabe caer ingenuamente en la tentación de pensar que los dispositivos inteligentes llegarán a desbancar a los instrumentos científicos. Es atractivo considerar lo barato que resulta la posesión de un buen *smartphone* o una tableta, en comparación al elevado coste del instrumental de un laboratorio, en lo fácil que resulta el manejo de los primeros en contraposición a los cuidados que requiere el uso de los instrumentos científicos y en lo ventajoso que resulta experimentar en casa o en el campo como contrapunto a las tediosas horas de permanencia en el laboratorio. Pero, por encima de todo ello, hay una realidad incontestable: los instrumentos científicos están diseñados específicamente para realizar un solo tipo de medidas u observaciones; en ellos lo que prima es la precisión y la fiabilidad. Muy al contrario, en el diseño de los dispositivos móviles prima la portabilidad y la manejabilidad manual. Están concebidos como objetos comerciales y sus prestaciones son, ante todo, reclamos y atractivos para ser comprados por más y más usuarios, cosa que no sucede con los instrumentos científicos.

PARTE PRIMERA

HARDWARE Y SOFTWARE

Esta primera parte consta de tres capítulos. El primero está dedicado a las estructuras internas del *Smartphone* que le permiten captar y procesar la luz, el sonido, las aceleraciones, las presiones, los campos magnéticos, la posición geográfica, la proximidad de los objetos, los colores, etc. Todo ello es posible gracias al avance de la nanotecnología, que ha posibilitado la inclusión de sensores de diversas magnitudes físicas en el pequeño espacio del interior de un teléfono móvil.

El segundo capítulo da a conocer las estructuras que pueden adaptarse al móvil inteligente para convertir este en toda una variada gama de instrumentos científico-técnicos. Así, por ejemplo, veremos cómo puede convertirse el *Smartphone* en un teodolito, en un microscopio, en un espectrofotómetro del rango visible, en un magnetómetro o en un buscador astronómico entre otras muchas posibilidades.

El tercer capítulo está dedicado a la descripción de las aplicaciones que a juicio del autor, resultan más adecuadas para la consecución de los objetivos perseguidos en esta obra. El número y variedad de aplicaciones que el lector puede encontrar en los grandes repositorios, *Play Store*, *Google Play*, etc. es inmenso. Unas son gratuitas y otras son de pago. Tras un prolongado trabajo de investigación, el autor ha seleccionado las más adecuadas, según su criterio, para la realización de los trabajos propuestos.

CAPÍTULO I SENSORES

Los teléfonos inteligentes actuales ofrecen un sinfín de posibilidades a mayores de la mera transmisión telefónica del audio. Como mínimo, los modelos más populares ofertan el acceso a internet y redes sociales, un eficaz navegador GPS, una excelente cámara fotográfica y de video, una grabadora de audio, una calculadora, brújula y procesador de texto y de imagen. Los de gama alta añaden otras prestaciones como barómetro, podómetro, reconocimiento facial, reconocimiento de huella dactilar, reconocimiento del iris, etc. Para que todo ello sea posible, los teléfonos incorporan un conjunto de sensores miniaturizados cuyo fin primordial es recoger la información necesaria para el desarrollo de sus utilidades. Esta información puede ser extraída y aprovechada para nuestros propósitos en el ámbito de la educación científica. Además de sensores, los dispositivos móviles incorporan otros periféricos como la pantalla táctil y los altavoces, que dan mucho juego en la experimentación.

Equipado con el *software* adecuado, nuestro teléfono puede convertirse lo mismo en un cuadrante que en un colorímetro, un telémetro, un magnetómetro, un polarímetro o un medidor de radioactividad, entre otros muchos. Describiremos también en este capítulo otros periféricos de fabricación casera que, combinados con las aplicaciones pertinentes, convierten a nuestro teléfono en un sofisticado instrumento de medida, como por ejemplo, un espectrofotómetro, un teodolito o un radiómetro.

En la última década, la fuerte competitividad entre las grandes firmas constructoras de dispositivos móviles por hacerse con la enorme tarta del mercado internacional ha sido el principal motivo del fulgurante desarrollo de sus productos, tanto en *hardware* como en *software*. En consecuencia, los nuevos modelos lanzados al mercado, año tras año, ofertan más y más posibilidades y vienen equipados con más y mejores sensores que los que los precedieron. Tanto es así, que se asume como período hábil para ellos no más de un lustro, tras el cual, les llega la inevitable obsolescencia.

El *hardware* de los móviles y tabletas está formado fundamentalmente por sus muchos y variados dispositivos de captación. Para saber de qué sensores dispone nuestro móvil, lo mejor es instalar un paquete de utilidades que, por lo común, utilizan los valores de todos los sensores. Los más populares y completos son *Physics Toolbox Suite, Herramientas Inteligentes* o *Phyphox.* Al arrancar la aplicación, el propio teléfono nos advertirá de las posibles carencias.

1.1 Acelerómetro

Es un dispositivo mecánico muy parecido a un chip, de un tamaño reducido, fabricado con silicio. El acelerómetro sirve para que el móvil sepa en qué orientación está colocado, de manera que el dispositivo pueda "saber" si su posición es la horizontal, la vertical o incluso, si está situado boca abajo.

El acelerómetro del *smartphone* consta de una parte móvil que se mueve por inercia, dependiendo de la aceleración que se le aplique al teléfono, y de otra fija que convierte el movimiento de la primera en tensión eléctrica para determinar la aceleración a la que lo hace y su orientación. La figura 1 muestra el esquema del funcionamiento de este sensor, basado en la inercia de una pieza móvil sujeta a la carcasa del dispositivo por láminas elásticas. La pieza posee láminas transversales a su eje principal que se alojan entre otras láminas fijas sin entrar en contacto con ellas, formando una suerte de condensadores eléctricos en batería cuyos terminales eléctricos son **a** y **b**. Si el dispositivo es acelerado hacia la izquierda, la inercia que aparece sobre la pieza móvil es causa de que se modifiquen las capacidades de los condensadores, lo que provocará una variación de tensión entre **a** y **b** que será tanto más acusada cuanto mayor sea la aceleración. Nuestro *smartphone* procesa la información eléctrica mostrando en pantalla la cuantía de la aceleración.

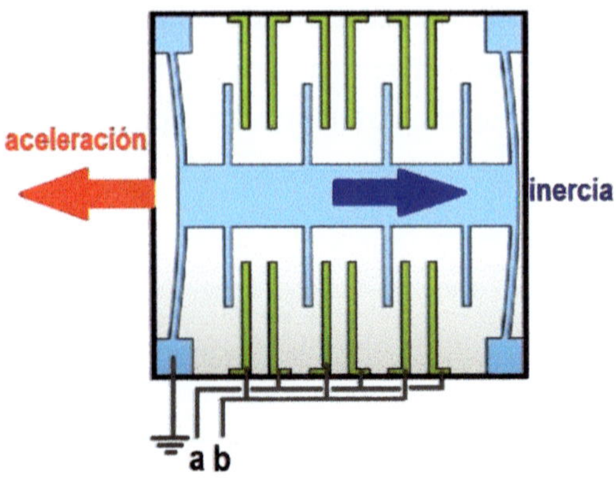

Figura 1. Esquema del funcionamiento de un sensor de aceleraciones.

El acelerómetro de un móvil es un chip que contiene tres estructuras como la esquematizada en la figura 1, dirigidas en las tres direcciones del espacio, con sus correspondientes terminales. La información tridimensional le permite al móvil "saber" cuál es su posición y su orientación respecto del campo gravitatorio. En la práctica, si se coloca el teléfono sobre una mesa con la pantalla hacia arriba, los ejes X e Y del acelerómetro medirán cero y el eje Z medirá 9,81 ms^{-2}; y si se pide a la aplicación con la que estamos operando que descuente la gravedad, el eje Z también marcará cero. Si se empuja hacia la derecha, el valor de la aceleración en X se mostrará positivo e igualmente, si se mueve el teléfono hacia delante según la dirección del eje Y, saldrá valor positivo para esta coordenada y por último, si se acelera hacia arriba, añadirá esta aceleración a la de la gravedad (si no se ha descontado previamente).

El acelerómetro de los móviles más modernos consta de un único bastidor rígido y un solo electrodo móvil, ambos de geometría cuadrada, según se esquematiza en la figura 2. Ambas estructuras tienen minúsculas placas intercaladas a distancia de unas pocas micras sin estar en contacto. De esta manera conforman una batería de condensadores cuya capacidad se ve modificada al moverse una respecto de otra. Cuando el dispositivo se mueve aceleradamente en la dirección del eje X se verán afectados los capacitores de los lados paralelos a ese eje y otro tanto sucede cuando el dispositivo se ve acelerado en la dirección del eje Y. Las aceleraciones en la dirección de eje Z, perpendicular a los anteriores, provocan el desplazamiento de las láminas de los cuatro costados por igual, generando impulsos eléctricos en los cuatro lados.

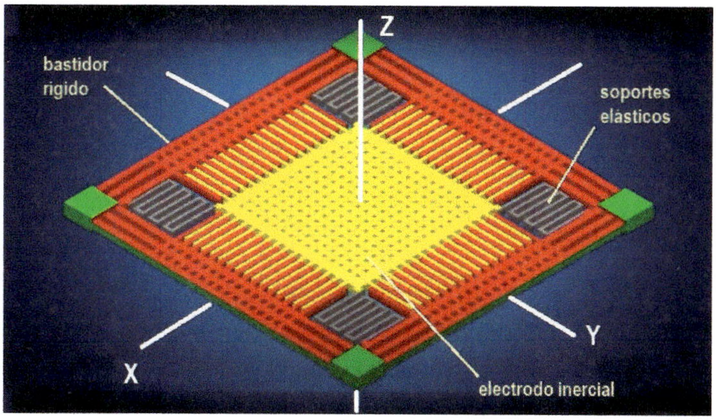

Figura 2. Esquema de la estructura de un moderno acelerómetro tridimensional.

El *software* que completa este dispositivo distingue los impulsos eléctricos provenientes de cada lado, así como su cuantía y en función de todo ello calcula las tres componentes de la aceleración.

Puede verse un vídeo muy didáctico que explica el fundamento del acelerómetro descrito aquí siguiendo el vínculo: https://youtu.be/UWY_TIDkcjs

I.2 Giroscopio

El giroscopio es otro sensor que mide la aceleración no gravitacional, destinado a complementar la información sobre la orientación del móvil que ofrece el acelerómetro. Se trata de un dispositivo que mide la velocidad de rotación del móvil. Cuando alguna *app* pide inclinar ligeramente la pantalla del móvil, es el giroscopio el que entra en acción para medir esos pequeños giros, ya que con ellos el acelerómetro no es suficiente.

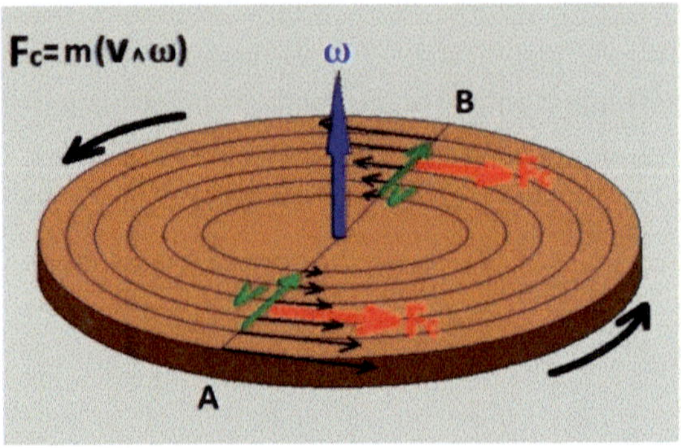

Figura 3. Al desplazarse a lo largo de un diámetro (verde) sobre una plataforma giratoria (azul), se experimenta una inercia lateral (rojo) "de Coriolis".

El dispositivo es, realmente, un medidor de fuerza al igual que el acelerómetro, pero si aquel mide fuerzas de inercia o gravitatorias, el giroscopio mide fuerzas de Coriolis. El principio de su funcionamiento es el mismo que el del acelerómetro, como veremos más adelante. Sepamos algo, previamente, acerca de la fuerza inercial de Coriolis, para lo cual hemos de analizar con atención la figura 3.

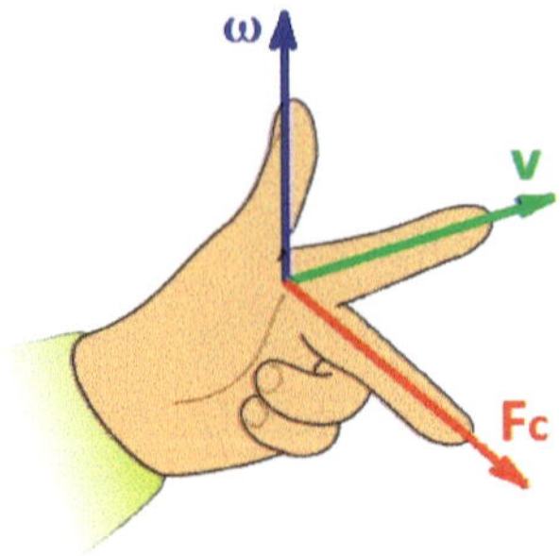

Figura 4. Regla de la mano izquierda.

Supóngase que un individuo se encuentra en el borde de una plataforma circular (punto **A**) que gira en sentido levógiro con la intención de llegar hasta el punto **B.** Al desplazarse hacia el centro de giro disminuye su velocidad lateral (vectores negros) de forma que aparece sobre él una fuerza de inercia dirigida hacia su derecha. Tras rebasar el centro, sigue su camino hacia **B**, pero ahora incrementa su velocidad lateral (vectores negros) y en consecuencia aparece sobre él una fuerza de inercia dirigida de nuevo hacia su derecha. Si se invirtiera el giro de la plataforma, el individuo notaría la fuerza de inercia dirigida hacia su izquierda. A esta inercia se la llama "fuerza de Coriolis".

La fuerza de Coriolis es tanto más acusada cuanto mayor sea la velocidad de rotación de la plataforma $\boldsymbol{\omega}$ y la velocidad lineal de desplazamiento **v**, cumpliendo la ley:

$$F_c = mv\omega$$

El sentido de la fuerza de Coriolis puede conocerse usando la regla de la mano izquierda, esquematizada en la figura 4.

Al igual que el acelerómetro, el giroscopio está compuesto por MEMS (*Micro Electro Mechanical System*), por lo que tiene piezas mecánicas de tamaño microscópico, producidas por medio de nanotecnología. Se compone de brazos en constante vibración que sufren el efecto de Coriolis cuando el teléfono se ve sometido a una rotación.

El funcionamiento del giróscopo de un *smartphone* se comprende al analizar atentamente la figura 5. El dispositivo tiene la apariencia externa de un chip en cuyo interior hay una estructura que consta de un bastidor fijo externo (color azul) que

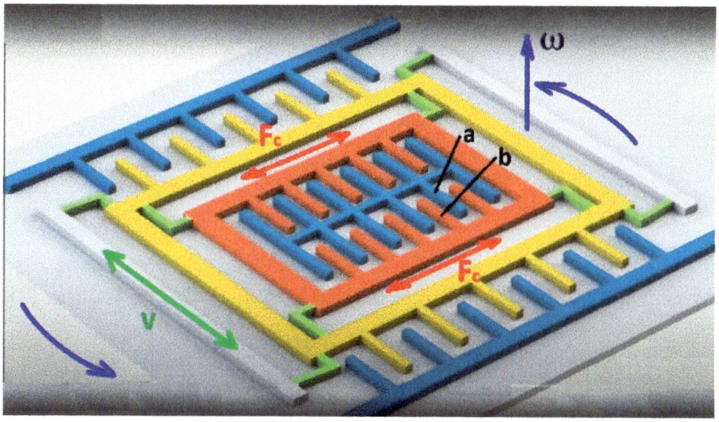

Figura 5. Funcionamiento del giróscopo: La pieza amarilla en constante vibración (color verde) arrastra consigo a la pieza rosada, unida a ella por sujeciones elásticas. Al girar el dispositivo aparece una fuerza de Coriolis $\mathbf{F_c}$ (color rojo) que altera las capacidades de los condensadores, generando impulsos eléctricos.

tiene un elemento central también fijo. Hay un segundo elemento móvil (color amarillo) que está sujeto al bastidor por cuatro uniones elásticas y se mantiene en constante vibración (color verde) por un procedimiento eléctrico. Si el teléfono se mantiene en posición fija, los desplazamientos de la parte móvil respecto de la fija no suponen alteración alguna de las distancias entre las patillas **a** y **b** pero si se produce un giro (color azul), entonces aparece una fuerza de Coriolis que, como ya vimos, tiene dirección perpendicular al plano que forman los vectores **v** y $\boldsymbol{\omega}$. En el esquema de la figura 5, la fuerza de Coriolis $\mathbf{F_c}$ tiene la dirección señalada en color rojo y es motivo de que las láminas **a** y **b** experimenten acercamientos y alejamientos que generarán impulsos eléctricos. Esos impulsos son procesados por el *software* de la aplicación en uso y se traducen en medidas de la velocidad angular de rotación. De esta manera, el dispositivo "sabe" cuánto se lo ha girado y, en función de ello, es capaz de "conocer" su nueva posición respecto de la que anteriormente tenía.

Puede verse un vídeo explicativo del funcionamiento del giróscopo de un móvil siguiendo el vínculo: https://youtu.be/ti4HEgd4Fgo

I.3 Magnetómetro

Los teléfonos inteligentes detectan campos magnéticos, miden su intensidad y determinan su dirección. Cuando el teléfono está equipado con una funda con tapa, esta tiene adherido un imán laminar con el fin de apagar la pantalla automáticamente cuando la tapa se cierra. Todas estas prestaciones son posibles gracias a un sensor cuyo funcionamiento se basa en un fenómeno físico denominado *efecto Hall.* Veamos primeramente en qué consiste.

Se conoce como "efecto Hall" a la aparición de una diferencia de potencial por separación de cargas en el interior de un conductor por el que circula una corriente en presencia de un campo magnético con componente perpendicular al movimiento de las cargas. El campo eléctrico así creado (campo de Hall) es perpendicular al movimiento de las cargas y a la componente perpendicular del campo magnético aplicado.

La figura 6 permite comprender con cierta facilidad la naturaleza del efecto Hall. Al pasar la corriente eléctrica por la placa del semiconductor tipo P[3] el campo magnético **B** creado por el imán empuja a los electrones hacia la derecha y a los huecos (cargas positivas) hacia la izquierda, creando una diferencia de potencial $\mathbf{V_H}$ transversal al flujo de la corriente.

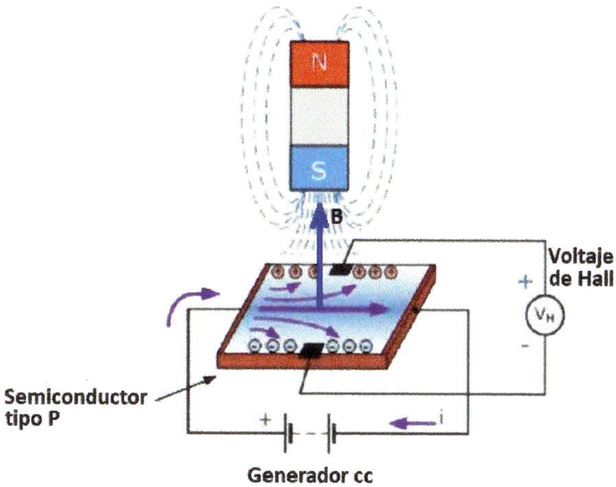

Figura 6. Esquema explicativo del efecto Hall.

El resultado es una separación de las cargas circulantes, las negativas (electrones) se acumulan en el borde derecho según el sentido de la corriente y las positivas (huecos) se acumulan en el borde izquierdo. La tensión de Hall $\mathbf{V_H}$ es proporcional a la intensidad de la corriente y a la intensidad del campo magnético.

Si fluye corriente por un sensor Hall y se le aproxima perpendicularmente un campo magnético entonces se genera en él un voltaje saliente proporcional al producto de la intensidad del campo magnético **B** y de la intensidad de la corriente **I**. Si se conoce el valor de la corriente, entonces se puede calcular la fuerza del campo magnético.

Las aplicaciones magnetométricas muestran en pantalla la intensidad del campo magnético en unidades Tesla o en Gauss. A su vez, las aplicaciones de tipo brújula o compás, especializadas en la detección y medición del campo geomagnético, calculan la dirección en la que el campo es más intenso y muestran en pantalla su dirección.

I.4 Sensores capacitivos

Se trata del sensor en el que están basadas las pantallas táctiles actuales (Figura 7). Estas pantallas tienen un conductor transparente $\mathbf{T_x}$ por donde circula corriente de

---

3 Un semiconductor P es aquel cuyas impurezas son átomos deficitarios de electrones, como el galio, el indio o el boro. Por ser materiales ricos en cargas positivas, son muy adecuados para su empleo en el efecto Hall.

forma constante y está cubierto por una capa de aislamiento de un material sintético, también transparente. Cuando se acerca el dedo, el contacto con la superficie de la pantalla genera una distorsión electrostática que el sensor $\mathbf{R_x}$ afectado detecta, generando un impulso eléctrico. El *software* del móvil reconoce las coordenadas del sensor emisor de la señal y determina en qué punto de la pantalla se está pulsando.

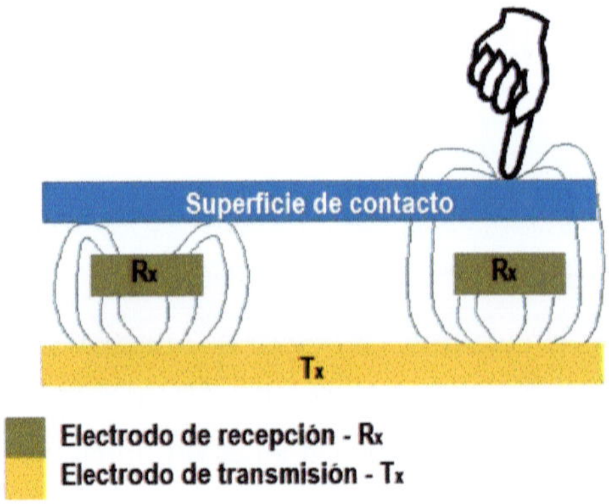

Figura 7. Esquema del funcionamiento de una pantalla táctil.

Así pues, las tabletas y móviles aprovechan el mismo principio que los jugadores de ajedrez a ciegas. El tablero de ajedrez es un conjunto de casillas alternativamente claras y oscuras que nos permite ubicarnos visualmente en una posición. El tablero tiene 8 casillas por lado, para un total de 64. La pantalla táctil tiene debajo de la superficie un complejo sistema de capas con sensores capacitivos que es capaz de detectar variaciones eléctricas o visuales. Si bien en un principio las pantallas táctiles requerían el uso de un puntero que poseía en su extremo elementos conductores que excitaban los sensores de la pantalla, actualmente dichos sensores se excitan merced a la electricidad estática presente en nuestros dedos. Dependiendo de su tamaño, la pantalla de un dispositivo móvil puede llegar a tener cientos de miles de puntos de contacto diferenciados.

I.5 Pantalla LED

Además de los sensores capacitivos, las pantallas de los dispositivos móviles incorporan un sofisticado sistema de construcción de imágenes en color. La técnica se basa en la incorporación de miles de diodos LED (*Light Emiting Diode*) repartidos uniformemente en la superficie de la pantalla en proporción 33,33% rojo, 33,33% verde y 33,33% azul. La adición de estos tres colores básicos en proporción conveniente permite obtener todos los tonos visibles.

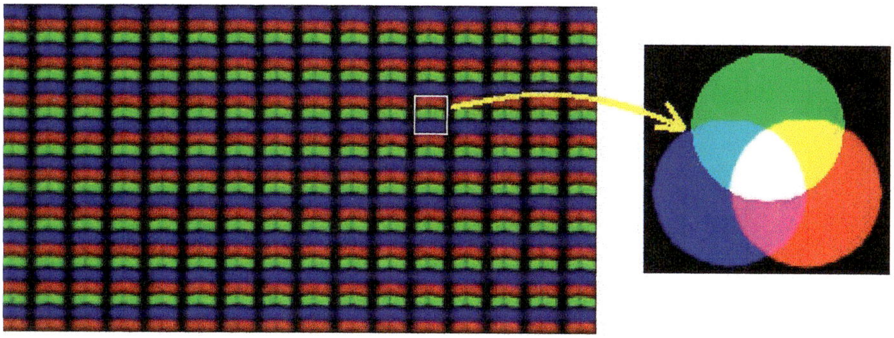

Figura 8. Cada píxel de una pantalla LED tiene tres diodos que proporcionan los tres colores básicos (rojo, verde y azul) para la síntesis de cualquier tono visible.

Para construir la imagen, el *software* de la pantalla utiliza la técnica RGB (*Red, Green, Blue*) decidiendo para cada píxel qué intensidad de cada uno de los tres colores corresponde emitir. Aunque el intervalo de valores podría ser cualquiera, es frecuente que la intensidad de cada una de las componentes se mida según una escala que va del 0 al 255. La mayor parte de los dispositivos trabajan de esta manera, por lo que pueden representar aproximadamente 16,6 millones de colores distintos. El color blanco se forma con los tres colores primarios a su máximo nivel (255, 255, 255). La ausencia de color —lo que conocemos como color negro— se obtiene cuando los tres componentes son 0 (0, 0, 0); el amarillo sería (255, 255, 0); el magenta (255, 0, 255) y el cian (0, 255, 255).

I.6 GPS

Los sensores GPS del móvil están diseñados para estar interactuando continuamente con los satélites de GPS (*Global Positioning System*) que orbitan la Tierra, utilizando la señal de varios de ellos para triangular la posición del usuario. Por lo general, suele utilizar la señal de, al menos, tres satélites para determinar nuestras coordenadas geográficas por el procedimiento de "triangulación". A estos datos también se les añade la distancia que hay del *smartphone* a las torres de telefonía móvil para obtener una ubicación más precisa.

Para entender qué es y cómo se hace la triangulación empezaremos por imaginar que estamos en algún lugar del espacio y disponemos de tan solo un punto de referencia $\mathbf{S_1}$ y únicamente podemos saber la distancia $\mathbf{d_1}$ que nos separa de él

(Figura 9). En esas condiciones solo podemos afirmar que nos encontramos en algún punto de la superficie esférica de centro **S_1** y radio **d_1.**

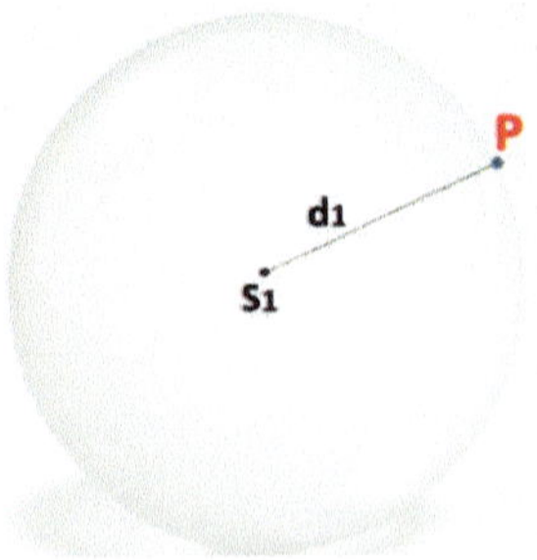

Figura 9

Supongamos a continuación que tenemos dos puntos de referencia **S_1** y **S_2** y que nos es posible conocer la distancia **d_1** y **d_2** a cada uno de ellos. En estas condiciones podemos afirmar, precisando más, que nos encontramos en algún punto de la circunferencia que determina el corte de las dos esferas, según se aprecia en la figura 10.

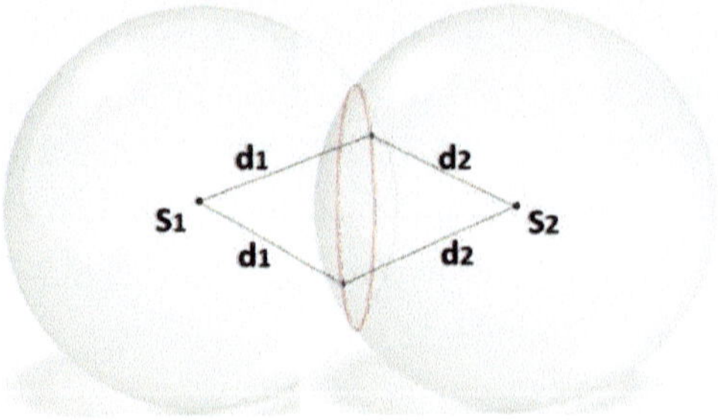

Figura 10

Siguiendo con el razonamiento supongamos ahora que disponemos de un tercer punto de referencia **S_3** y que podemos saber también la distancia **d_3** que nos separa de él. En este caso podríamos afirmar que nos encontramos en uno de los dos puntos **P** y **P'** determinados por el corte de la tercera esfera con la circunferencia de corte de las dos anteriores, según se aprecia en la figura 11.

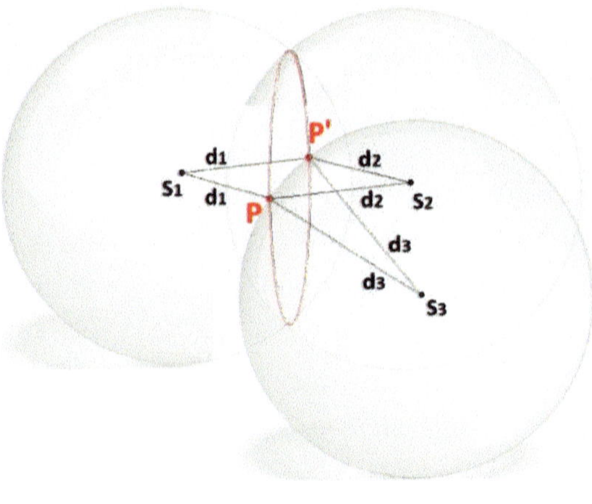

Figura 11

Así pues, todo lo que se necesita para determinar la posición espacial es:

a) Disponer de tres puntos de referencia cuyas posiciones sean perfectamente conocidas.

b) Medir la distancia a cada uno de esos tres puntos.

Los puntos de referencia del complejo GPS son satélites artificiales[4] que orbitan la Tierra a unos 20 200 Km, invirtiendo 12 h en dar una vuelta completa en torno al planeta. Dichos satélites se mueven en órbitas perfectamente establecidas y dan cuenta de su posición en tiempo real con gran exactitud. El GPS está constituido por una constelación de 24 satélites distribuidos en diferentes órbitas de forma tal que, sea cual sea nuestra posición geográfica, haya en todo momento al menos cuatro de ellos que sean "visibles".

Cada satélite emite en todo momento señales electromagnéticas que contienen la información sobre su posición y sobre la hora exacta. Esta información es captada y procesada por nuestro teléfono inteligente a gran velocidad. Así pues, ya sabemos la posición de cada satélite. Ahora es preciso medir la distancia a cada uno de los tres.

La medición de las distancias se hace por un procedimiento tan sofisticado como ingenioso. Tanto el satélite como el navegador generan la misma señal aleatoria y codificada (Figura 12), y lo hacen exactamente al mismo tiempo. Como ya dijimos, el satélite va equipado con un reloj atómico de extraordinaria precisión (error de 1 s en 300 000 años) y el *smartphone* dispone de un reloj de cuarzo menos preciso. La señal del satélite contiene también información horaria ultraexacta que permite la sincronía del reloj del navegador con el del satélite. De esta forma el reloj del navegador se comporta como si fuera un costosísimo reloj atómico.

El navegador recibe la señal procedente del satélite y la compara con la que él genera (Figura 12). El retardo entre la señal generada por el móvil y la que llega del satélite es proporcional a la distancia a la que se encuentra y el navegador la calcula mul-

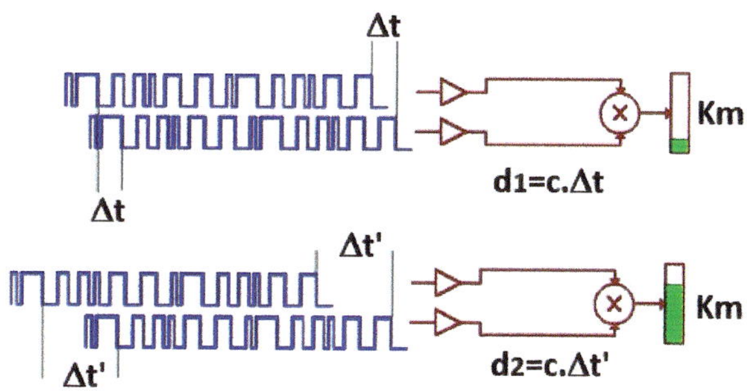

Figura 12. Procedimiento de medición de la distancia a los satélites GPS.

[4] Son sofisticados instrumentos de unos 900 kg. Se aprovisionan de energía mediante paneles fotovoltaicos que alimentan un reloj atómico de cesio de altísima precisión y un complejo sistema de producción y emisión de ondas electromagnéticas de 1,27 y 1,53 GHz.

tiplicando ese retardo (el tiempo que la onda electromagnética invirtió en viajar desde el satélite hasta el navegador GPS) por la velocidad de la luz (300 000 km/s).

Con los datos ya especificados, el navegador de nuestro teléfono calcula en tiempo real las posiciones de los puntos P y P' de la figura 11. Uno de ellos se encuentra en la superficie terrestre y el otro no, por lo que este último es descartado automáticamente.

La aplicación GPS tiene en su memoria el plano geográfico digitalizado y combina esos datos con los de la posición, que ha sido determinada en la forma que hemos expuesto. Finalmente, compone en pantalla el mapa de la zona incluyendo nuestra posición sobre él. Todas las aplicaciones GPS muestran las coordenadas geográficas (latitud y longitud) y ofrecen otras prestaciones interesantes para nuestros propósitos de empleo del *smartphone* como instrumento científico. Una de ellas es la posibilidad de medir la distancia geodésica existente entre dos puntos de la superficie terrestre.

I.7 Cámara fotográfica

Los teléfonos inteligentes tienen como principal sensor una cámara digital miniaturizada que puede captar fotografías o vídeos. El dispositivo consta de tres elementos esenciales: una óptica que recoge y dirige la luz hacia un sensor de fotodiodos que convierten la energía luminosa en impulsos eléctricos que, finalmente, son procesados por un controlador que procesa esos impulsos, componiendo la imagen en la pantalla (Figuras 13 y 14).

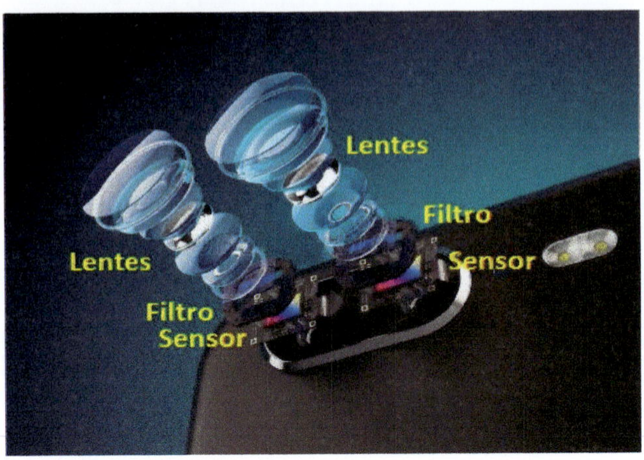

Figura 13. Despiece de una cámara de un *smartphone*.

Debido a la elevada sensibilidad lumínica de los sensores, las cámaras digitales pueden trabajar con intensidades de luz muy por debajo de la que requerían las antiguas cámaras analógicas; ello posibilita que la óptica pueda tener dimensiones mucho menores y constituye una feliz coyuntura ya que las lentes de tamaño grande sufren aberraciones ópticas indeseables y su eliminación supone importantes costes de producción. Muy al contrario, las diminutas lentes de las cámaras digitales sufren aberraciones mucho menores y son más baratas de producir. En consecuencia, la calidad de las imágenes que proporcionan es tan elevada que la causa que limita la definición de las imágenes corre más de cuenta del sensor que de la óptica.

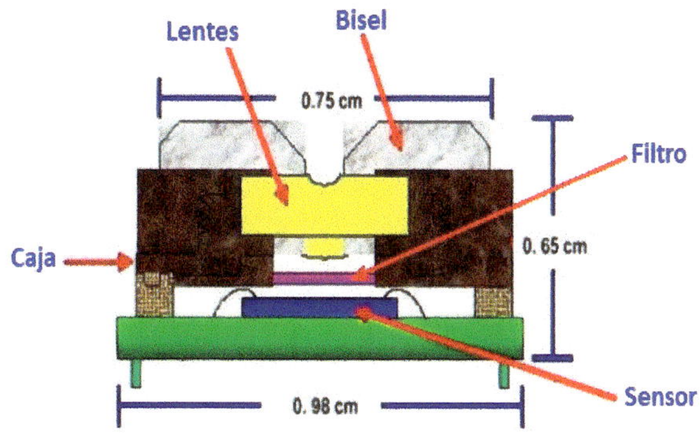

Figura 14. Corte transversal esquemático de la cámara de un teléfono inteligente.

Las cámaras se caracterizan por el número de píxeles de su sensor, así como el tamaño y la luminosidad de la óptica. El número de píxeles suele ser de 12 Mpx o 16 Mpx para la cámara trasera, y de 5 Mpx u 8 Mpx para la frontal. En lo referente al tamaño del sensor, cuanto mayor sea, mejor. Lo habitual en un *smartphone* es tener sensores de 1/2.6 " o 1/2.3". En cuanto a la luminosidad, cuanto más luz llegue al sensor, mejor. Una apertura de F1.7 es excelente y la apertura F2.4 empieza a ser modesta. A menor número F, más luz tendremos en el sensor.

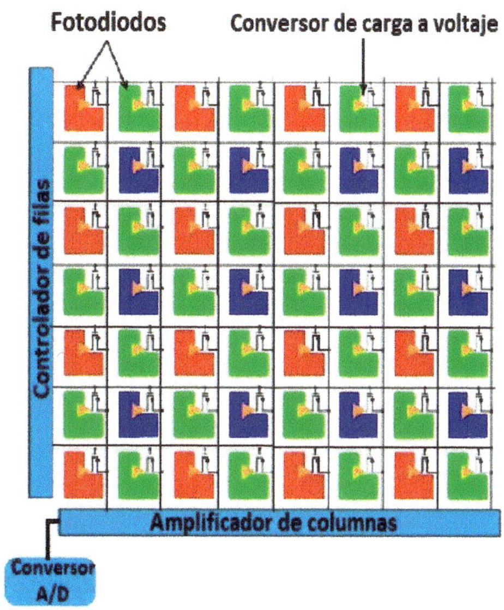

Figura 15. Esquema de un sensor fotográfico.

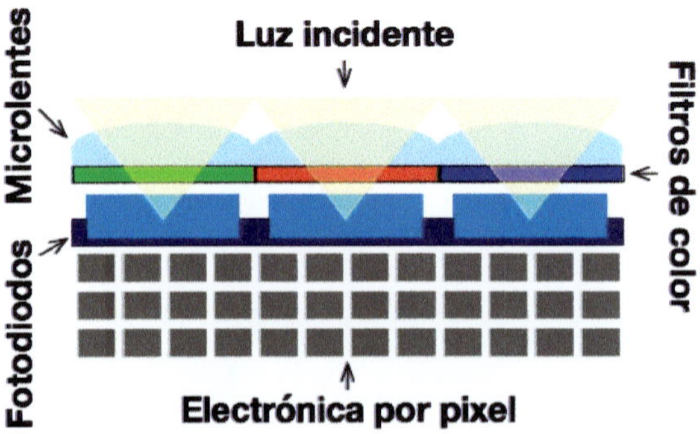

Figura 16. Corte transversal de un píxel fotográfico.

El sensor fotográfico es un panel tapizado por minúsculos fotodiodos sensibles a las frecuencias correspondientes a los colores básicos rojo, verde y azul. Al formarse la imagen óptica sobre él, los fotodiodos se excitan según sea la tonalidad de la imagen en cada punto y generan un impulso eléctrico de intensidad proporcional a la intensidad de la excitación. Esos impulsos son recogidos por los controladores y amplificadores y enviados al conversor A/D que digitaliza la señal. De esta manera, la imagen, con sus intensidades lumínicas y cromáticas, es convertida en un conjunto de bits.

Actualmente, los sensores fotográficos de los *smartphones* son del tipo CMOS (*Complementary Metal Oxide Semiconductor*), técnica más moderna y ventajosa empleada hoy en la fabricación de circuitos integrados que permite la inclusión de más de trece millones de píxeles en tan solo un centímetro cuadrado.

La figura 16 muestra el corte transversal esquemático de uno de estos píxeles. Cada fotodiodo tiene sobre sí un filtro monocromático rojo, verde o azul que permite el paso tan solo de dicho color. Encima hay una microlente que concentra la luz en el fotodiodo[5], aumentando así su sensibilidad. Por debajo del fotodiodo se encuentran los elementos que convierten la carga estática en impulsos eléctricos.

Los sensores de las cámaras fotográficas no solo son capaces de recoger los colores de la parte visible del espectro electromagnético sino también parte del infrarrojo cercano, lo que permite visualizar por ejemplo las emisiones infrarrojas de los mandos de las televisiones, y también pueden ver más allá del ultravioleta, lo que hace que puedan utilizarse para la detección de radiaciones de alta energía.

5 Los fabricantes de móviles están enzarzados en una reñida "carrera de megapíxeles". Actualmente, la consigna es: "Si quieres conquistar el mercado, cuantos más megapíxeles tengan los celulares que vendes, tanto mejor". Al meter más de 13 Mpx en tan solo 1 cm^2 de sensor, cada uno toca a menos luz y ello es con perjuicio de la sensibilidad de la cámara.

I.8 Sensor de proximidad

Es el encargado de permitirle al móvil "saber", por ejemplo, cuándo nos acercamos el móvil a la cara para que este pueda apagar la pantalla. Está compuesto por un LED infrarrojo, que emite un rayo invisible al ojo humano, y un receptor de infrarrojos que detecta la vuelta del rayo cuando rebota con una superficie.

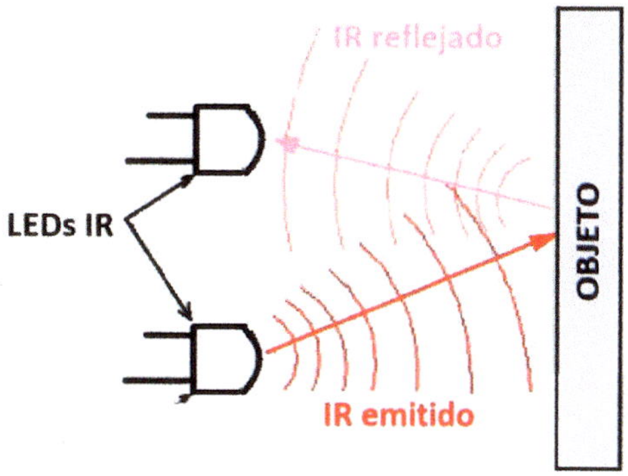

Figura 17. Esquema del funcionamiento del sensor de proximidad.

Su funcionamiento, por lo tanto, es sencillo y se basa en el tiempo que tarda ese rayo infrarrojo en volver tras ser emitido. A este sistema se lo conoce como TOF (*Time of Fligh*) o "tiempo de vuelo". Cuanto más tarde en detectarse la luz infrarroja más lejos estará el objeto. Entre sus funciones está la mencionada de apagar la pantalla cuando la acercamos a la cara al hablar[6], pero también otras como desbloquear el móvil al pasar la palma de la mano por encima y leer diferentes gestos que podamos hacer con la mano sobre la pantalla.

Por lo general, el sensor de proximidad se encuentra junto a la cámara delantera y el sensor de luz ambiental.

I.9 Sensor de luz ambiental

El sensor de luz es un componente cuya misión es la de detectar la cantidad de luz que hay en el ambiente. Con ello, el móvil es capaz de gestionar el brillo de la pantalla cuando se tiene activada la opción de brillo automático, ajustándolo de forma diferente en exteriores e interiores a partir de la luz que haya cuando se está utilizando el móvil.

Por regla general, el sensor de luz ambiental se encuentra junto a la cámara secundaria que utilizamos para hacernos fotografías *selfie*.

---

6 Cuando se realiza una llamada, el led IR comienza a emitir luz que se refleja en la cara y llega al fotodiodo receptor el cual, al detectar luz IR, envía una señal para apagar la pantalla del aparato y consumir así menos batería y también para que la oreja no interaccione con la pantalla.

I.10 Sensor de espectro de color

Se trata de un sensor que incluyen algunos fabricantes que sirve para capturar el color en las tonalidades que aparecen de manera natural. Permite medir la luz ambiental y determinar la fuente de la luz, tanto artificial como natural, además de la situación de esta fuente de luz, para así poder hacer la fotografía en las mejores condiciones.

Con este sensor, el móvil puede controlar el balance de blancos de la cámara en condiciones de poca luz para mostrar colores más fieles a la realidad. Algunos móviles también usan el sensor para ajustar el *flash* de la cámara, dependiendo de la luz que captan, evitando así que la fotografía quede quemada.

I.11 Micrófono/Sensor de sonido

El sensor de sonido de los móviles es de tipo condensador. Consta de dos placas. La trasera es rígida y soporta sobre sus bordes la placa delantera, liviana y flexible, formando una cavidad cerrada que se comporta como un condensador cuya capacidad vale

$$Q = CV = {}^{\varepsilon AV}/_{d}$$

En la expresión, A es el área de las placas, V es el voltaje de polarización, ε es el coeficiente dieléctrico del aire y *d* la separación entre las placas. Cuando la onda acústica incide sobre el sensor provoca movimientos en la membrana, modificando la capacidad del condensador. Un cambio en el espaciamiento de placas originará un cambio en la carga Q y forzará una corriente a través de la resistencia R. Esta corriente es una "imagen" de la presión de sonido, haciendo que este sea un micrófono de "presión".

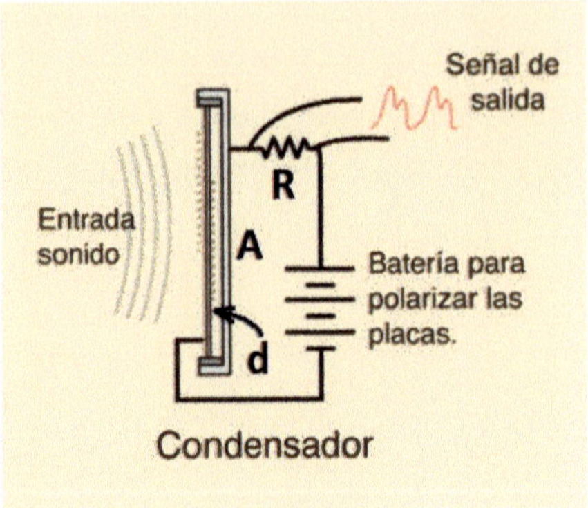

Figura 18. Esquema de un micrófono capacitivo.

Los micrófonos capacitivos son baratos y admiten la miniaturización. Además, dan la mejor respuesta a la más ancha banda de frecuencias. Por estas razones son los sensores acústicos utilizados universalmente en telefonía móvil.

http://hyperphysics.phy-astr.gsu.edu/hbasees/Audio/mic.html#c4

I.12 Sensor de ritmo cardíaco

Consiste en un LED y un sensor óptico. Su funcionamiento es simple: el usuario solo tiene que presionar con su piel sobre el sensor de manera que no haya luz ambiental entre ambos. Entonces, se emite la luz LED en la piel y el sensor busca y reconoce los ritmos de los cambios de color en nuestro dedo provocados por nuestras pulsaciones. El ritmo es el que determina las pulsaciones.

En soluciones avanzadas, un sensor de este tipo también puede estimar el nivel de oxígeno en la sangre. Para ello utiliza un LED de amplio espectro y mide el espectro que recibe de vuelta el sensor. Dependiendo del nivel de oxígeno en la sangre, la luz se absorbe de una u otra manera.

I.13 Emisor infrarrojo

Algunos móviles también implementan emisores infrarrojos que permiten controlar otros dispositivos del hogar haciendo de mando a distancia. Si se mira el frontal de un teléfono móvil a través de la cámara de fotos de otro no se aprecia ninguna luz fuera de la pantalla, pero si se realiza una llamada telefónica, inmediatamente se ve a través del segundo móvil que se enciende la luz del sensor de proximidad. Del mismo modo es posible ver la luz IR que emiten los teléfonos que disponen de él para manejar la televisión, así como los propios mandos de televisión y otros aparatos electrónicos, cuando se pulsa cualquier tecla. De esta manera, con el propio móvil se puede controlar el televisor o el aire acondicionado.

I.14 Lector de huella dactilar

Contiene una serie de sensores capacitivos en una superficie sobre la que se pone el dedo y con la que el móvil es capaz de reconocer las líneas de nuestra huella dactilar y almacenar una imagen digital de estas. Entonces, cuando luego volvemos a poner el dedo encima el móvil puede comparar las líneas y saber si realmente somos nosotros o es otra persona.

Este sensor se utiliza como método biométrico para la identificación del usuario. De esta manera, en vez de utilizar un patrón, contraseña o PIN para verificar la identidad es suficiente con utilizar la huella dactilar para desbloquear el móvil o identificarse en aplicaciones.

I.15 Lector de Iris

Se trata de un sistema de reconocimiento similar al de la huella dactilar, pero aplicado en el iris del ojo. Para ello, el lector lee y reconoce por medio de la cámara los patrones que hay en el iris realizando una fotografía de alta resolución apoyada por luz infrarroja para reducir los reflejos. Una vez el móvil almacena ese patrón, lo utilizará después para reconocer al usuario y distinguirlo de otra persona que pudiera intentar utilizarlo. Este lector sirve, pues, como método biométrico para la identificación del usuario.

I.16 Podómetro

El podómetro es un sensor destinado a medir el número de pasos que damos cuando estamos caminando. Sin embargo, a día de hoy muchos móviles ya prescinden de él, sacrificando un poco de precisión para emular ese funcionamiento a partir de los datos obtenidos con el acelerómetro del móvil.

En ambos casos la misión es la misma, ayudar a contar la cantidad de pasos que se da a lo largo del día, algo de lo que suelen aprovecharse las aplicaciones de salud para medir también las calorías quemadas.

I.17 Barómetro

Algunos modelos de móviles también cuentan con un barómetro. Se trata de un sensor cuya única misión es la de medir la presión ambiental del aire. Con esto, el móvil puede medir la altura a la que nos encontramos, lo que en algunas aplicaciones puede ayudar con el posicionamiento.

CAPÍTULO II PERIFÉRICOS

Los teléfonos móviles incluyen una larga y variada serie de sensores, muchos de los cuales han sido descritos en el capítulo anterior. Gracias a los avances de la nanotecnología, nuestros teléfonos inteligentes pueden detectar minúsculas variaciones de un buen número de magnitudes con un grado de fiabilidad sorprendente. Existen, por otro lado, un gran número de aplicaciones que utilizan los datos registrados por los sensores, ofertando al usuario unas prestaciones que no cesan de crecer día a día en diversidad y eficiencia.

Ahora bien, los teléfonos inteligentes son instrumentos de uso personal concebidos y fabricados para el gran público. Sus principales virtudes son la portabilidad y la diversificación de prestaciones, siendo este binomio el campo de batalla en el que compiten las grandes firmas de fabricantes en una furibunda carrera por conquistar el mercado de usuarios.

La portabilidad exige que el teléfono tenga unas dimensiones y formas que permitan manipularlo fácilmente, lo que exige la miniaturización a ultranza de todos sus elementos y, por otra parte, la diversificación comporta la necesidad de incorporar en un reducido espacio más y más sensores así como circuitos electrónicos y elementos estructurales más y más compactados.

Como resultado, los teléfonos inteligentes tienen grandes posibilidades para la detección o medición de un buen número de magnitudes: aceleraciones, intensidades de campos magnéticos, intensidades lumínicas, espectros acústicos, presiones, determinaciones colorimétricas, etc; pero carecen de una estructura externa que permita que muchas de las mediciones que pueden hacer, las hagan con la debida precisión. Así, por ejemplo, nuestro moderno teléfono puede hacer mediciones de presión, pero si queremos medir presiones bajo el agua tendremos que encerrarlo en una caja estanca so pena de que el agua entre en su interior y lo destruya. Análogamente, nuestro teléfono puede hacer mediciones de ángulos y comportarse como un teodolito, pero si queremos hacer medidas angulares con una mínima precisión tendremos que montarlo en un soporte dotado de movimientos X e Y con dispositivos de fijación adecuados y posibilidad, a ser posible, de movimientos micrométricos.

Si bien existe un extenso y variado *software* capaz de convertir a nuestro celular en un sinfín de instrumentos científicos, lo cierto es que un buen número de estas aplicaciones solo dan buenos resultados si el teléfono está equipado con ciertas estructuras periféricas que aminoren sus carencias. Estas deficiencias se centran preferentemente en el movimiento micrométrico controlado y la fijación, necesarias para uso de aplicaciones topográficas y astronómicas en las que se requiere medir ángulos con precisión. Para usos en el campo de la luz es preciso añadir al teléfono lentes o dispositivos microscópicos o telescópicos que permitan aprovechar las grandes posibilidades de la cámara fotográfica, o bien algún elemento que disperse la luz en sus frecuencias (prismas ópticos o redes de difracción) o bien láminas polarizadoras, si se trata de trabajar con luz polarizada.

En este capítulo describiremos los periféricos más comunes y útiles para varias aplicaciones distintas, todos ellos pueden ser construidos por el propio usuario con materiales baratos y fáciles de encontrar o bien pueden ser adquiridos a un precio razonable.

II.1 Soporte para la medición de ángulos

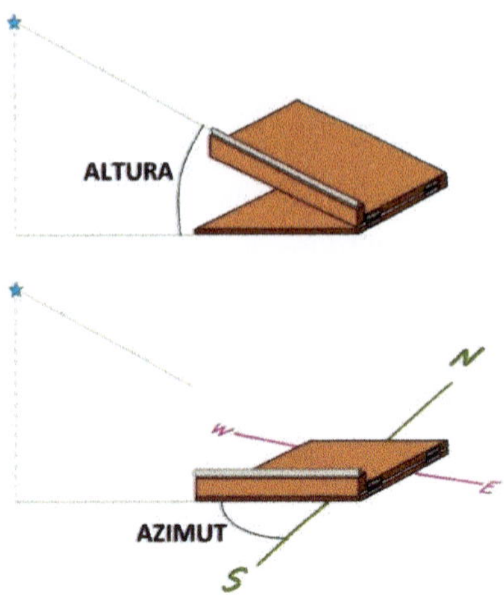

Figura 2.1. Soporte para medir alturas y azimuts con el teléfono.

Las aplicaciones que miden ángulos con fines topográficos o astronómicos necesitan alguna estructura que permita fijar el teléfono en una determinada posición.

La estructura que se presenta aquí es de construcción muy fácil. Consta de dos pequeñas tablas de 5 mm de grosor unidas por bisagras según se muestra en la figura 2.1. El teléfono se adosa a la estructura con ayuda de una goma elástica de papelería, para lo cual las dimensiones de ambas tablas han de ser iguales a las del teléfono.

En uno de los costados se ha encolado un listón sobre cuyo borde se ha sujetado un tubo de 3 mm de diámetro interno[7]. Dicho tubo hace las veces de mirilla o anteojo para alinear el conjunto con el objeto de referencia. Si el uso es topográfico el punto de referencia puede ser cualquier accidente del terreno. Esto sucede, por ejemplo, si se pretende medir la altura de un edificio o de una elevación del terreno. Si el uso es astronómico, el punto de referencia es una estrella, un planeta o el sol.

Todas las alineaciones del instrumento se hacen "a ojo" directamente a través del anteojo pero si se trata de mediciones de la posición del sol, ello no es posible so pena de sufrir graves lesiones oculares. En este caso la alineación se hace proyectando la luz solar a través del anteojo sobre la pequeña pantalla giratoria que, al efecto, se halla en la parte posterior (Figura 2.2).

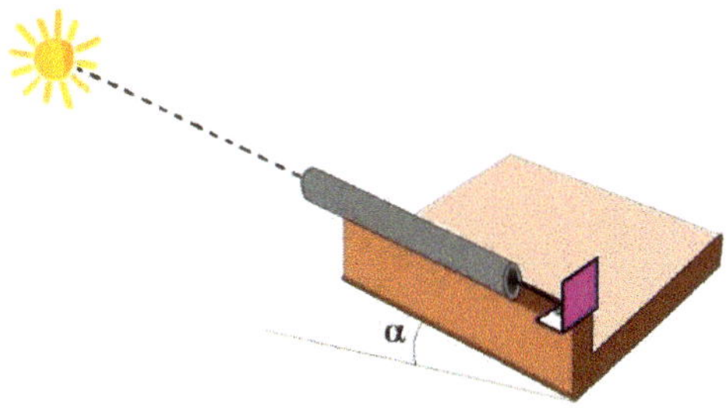

Figura 2.2. Determinación de la posición solar.

II.2 Espectroscopio

El análisis de la luz requiere que esta sea dispersada según sus frecuencias constituyentes y después es preciso determinar cuáles son esas frecuencias y qué intensidad tienen. A este conjunto de operaciones se lo llama *espectrofotometría*. Los teléfonos inteligentes tienen dos tipos de sensores que pueden dar juego en estos procesos. Uno de ellos es el sensor de luminosidad (ver el punto I.9) y el otro es la cámara fotográfica (punto I.7).

Existen unas cuantas aplicaciones que se valen de la cámara fotográfica para realizar el análisis fotométrico de las frecuencias componentes de la luz. Ahora bien, para que ello sea posible es preciso que la luz que entra por el objetivo de la cámara venga ya dispersada en sus frecuencias. Por este motivo, si se quiere usar el

7 Puede adquirirse en cualquier establecimiento de bricolaje o modelismo. Los tubos varían desde 1 hasta 5 mm de diámetro interior y los hay de latón o de aluminio.

smartphone como un espectrofotómetro, es preciso anteponer a la cámara un dispositivo que disperse la luz.

Existen en la bibliografía diversas propuestas[8] para la adquisición, a bajo coste, de un periférico que separe la luz en sus frecuencias constituyentes[9] combinables con aplicaciones Android para la espectrofotometría[10]. También existen propuestas para la construcción casera del elemento dispersor con materiales sencillos y asequibles[11].

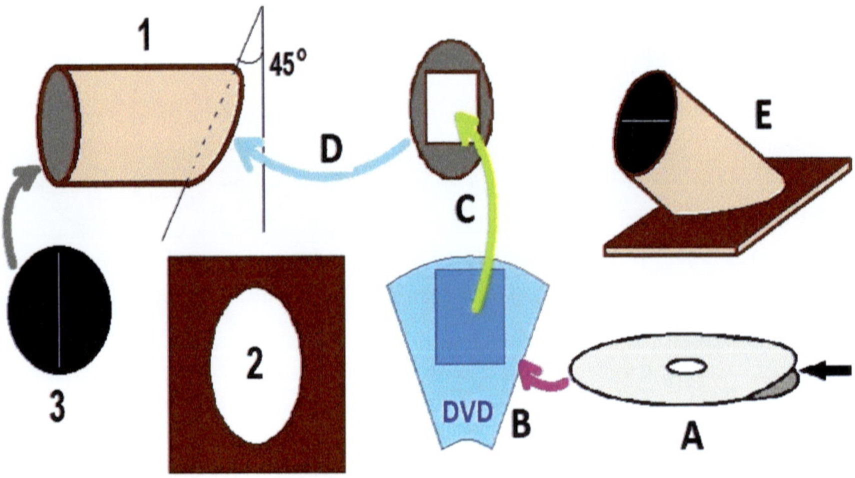

Figura 2.3. Esquema del proceso de construcción de un espectroscopio casero.

Se propone aquí el diseño, realizado y probado por el autor, en el que se utilizan materiales reciclados, habituales en todos los hogares. Su construcción es fácil y los resultados son muy aceptables.

---

8 MALGIERI, M., De AMBROIS, A., ROSI, T., ONORATO, P., GRATTON, L.M. y OSS, S. (2019) "Colours in your pocket: Smartphone-based spectrophotometers to investigate the quantum world" *Journal of Physics, Conf. Series.*1287. IOP Publishing.

9 ORMAECHEA, O., VILLAZÓN, A. y ESCALERA, R. (2017) "Espectrómetro basado en teléfonos inteligentes y un kit de bajo costo para mediciones de transmitancia y absorbancia en tiempo real". *Óptica Pura y Aplicada,* 50 (3), pp. 239-249

10 YANCHAPANTA, V., ORMAZA, R., SÁEZ, M.A. y PACHACAMA, R. (2020) "Construcción de un espectrómetro casero para el análisis de espectros de luz, mediante el software Spectral Workbench", *Polo del Conocimiento,* 5 (07), pp. 209-222

11 WARREN, A. (2016) "Assemble a DIY Papercraft Spectrometer" *Public Lab.* https://publiclab.org/notes/abdul/10-19-2016/foldable-paper-spectrometer-instructions

El espectroscopio consta de dos partes: un elemento óptico y una base de fijación al teléfono. El primero consta de un tubo de cartón lo más rígido posible[12] cortado como se indica en la figura 2.3. Por el lado cortado a 90º se le pega una cartulina negra en la que se ha practicado una fina rendija con ayuda de un *cutter* y por el lado cortado a 45º se pega una red de difracción obtenida a partir de un DVD. Después, el elemento óptico así construido se pega a la base de sustentación, obtenida a partir de un cartón grueso y rígido o a partir de tablero contrachapado de 2 mm.

La figura 2.3 muestra el esquema del proceso constructivo. La secuencia 1-2-3 refiere a la estructura y la secuencia A-B-C-D refiere a la construcción de la red de difracción.

Empezaremos por cortar un trozo del tubo de cartón con un ángulo de 45º a una longitud de unos 5 cm. De esta manera la luz colimada incidirá sobre la red de difracción con ese ángulo de inclinación, favoreciendo que lleguen a la cámara las difracciones de primer orden, que son las más luminosas.

La rendija colimadora dará mejores resultados cuanto más estrecha y uniforme sea pero, como efecto adverso, habremos de tener en cuenta que una rendija muy estrecha proporcionará una baja luminosidad. En general, este no suele ser un problema debido a que la sensibilidad de las cámaras fotográficas digitales es muy alta. Por tanto, nuestro principal objetivo es cortar la cartulina con ayuda de una regla y un *cutter* procurando conseguir una rendija muy estrecha y de ancho uniforme. Tras ello, la adheriremos al borde anterior del tubo.

Para obtener la red de difracción utilizaremos un CD o, mejor, un DVD[13]. En los primeros, la separación entre pistas es 1,6 μm, lo que reporta una red de difracción de 625 líneas por milímetro. En los DVD la separación entre pistas es tan solo de 0,74 μm, lo que nos permite conseguir redes de difracción de 1350 líneas por milímetro, es decir, proporcionan redes de difracción con poder de resolución doble que los CD. Si tenemos en cuenta que una red de 600 líneas/mm permite discriminar cómodamente las dos líneas amarillas del espectro de emisión del

---

12 Sirve para ello el procedente de un rollo de papel absorbente de cocina o bien de rollos gastados de film transparente o lámina de aluminio, habituales en todos los hogares.

13 RAMÍREZ, L. (2009) "Els discs CD o DVD com a xarxa de difracció" https://experimentaciolliure.files.wordpress.com/2009/11/els-discs-cd-o-dvd-com-a-xarxa-de-difraccio1.pdf

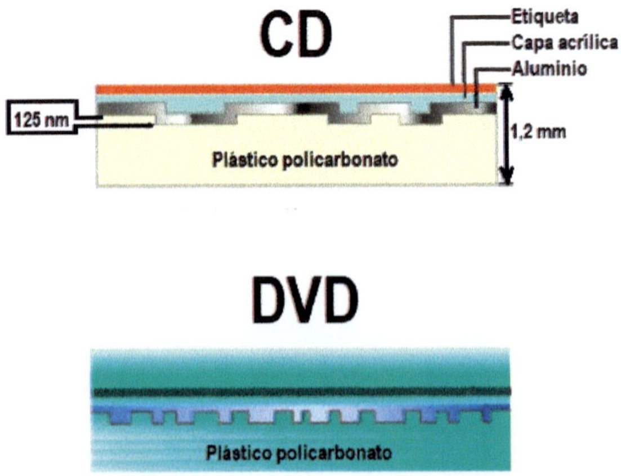

Figura 2.4. Estructura de los CD y DVD.

sodio, convendremos en que nuestra red de difracción casera tendrá un poder resolutivo más que suficiente ya sea de un CD o de un DVD.

Para nuestros propósitos necesitaremos que la red de difracción actúe por transmisión y, para conseguirlo, tendremos que dejar al descubierto la capa inferior de plástico policarbonato. En el caso de los CD lo mejor es cortar el sector circular **B** de la figura 3 y después adherir sobre la carátula un trozo de cinta adhesiva de embalar. Tirando con firmeza de la cinta adhesiva lograremos separar la cubierta opaca adherida a ella quedando así al descubierto la capa plástica transparente con las líneas impresas sobre ella.

Si se trata de un DVD la operación es más sencilla. Basta introducir un *cutter* por el borde del disco, separando la capa opaca de la transparente; la separación total de las dos capas se hace a mano, según se sugiere en la figura 2.3.

Una vez recortada la red, la pegaremos al bastidor y este lo pegaremos después al borde inferior del tubo colimador.

Finalmente, pegaremos el colimador a su soporte y tendremos listo el espectroscopio que, insertado sobre el *smartphone*, permitirá que este último actúe como un espectrofotómetro.

Como alternativa a la construcción de un espectroscopio casero, para los poco aficionados al bricolaje, existen en el mercado dispositivos adaptables a la cámara del teléfono que permiten convertir este en un eficiente espectrofotómetro. Tal es el caso de *GoSpectro*, un producto comercializado por la firma AlphaNov. El dispositivo, con un peso de 30 g, tiene unas dimensiones de 55x20x20 mm y trabaja en un rango de 380-750 nm con una resolución espectral por debajo de 10 nm. El principal inconveniente que presenta este dispositivo es su elevadísimo coste, cercano a los 1000 €. Puede consultarse más características siguiendo el vínculo: https://www.alphanov.com/en/news/gospectro-power-spectroscopy-your-fingertips

II.3 Accesorios para espectroscopía

Veremos aquí algunos accesorios que se pueden encontrar fácilmente y a muy bajo precio en el comercio o bien pueden ser construidos por el usuario con materiales asequibles.

Para el trabajo de "espectroscopía de emisión", lo más sencillo y barato es la excitación atómica por medio de una llama. Para ello necesitaremos una lamparilla de alcohol o un pequeño soplete de gas que se puede adquirir a un precio moderado en cualquier establecimiento de bricolaje. Más costosa es la adquisición de los tubos de descarga de gases enrarecidos usados en los laboratorios. Como soporte de las muestras usaremos un alambre de nicrom (Ni 80% y Cr 20%) insertado en un trozo de varilla de madera.

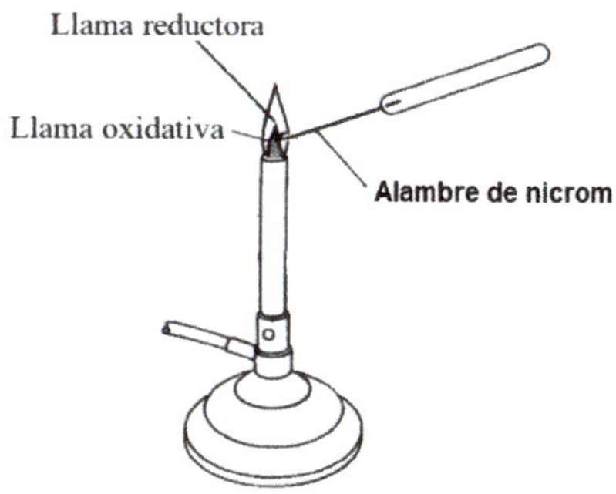

Figura 2.5. Dispositivo para la realización de análisis espectral a la llama.

Para la "espectroscopía de absorción" necesitaremos un foco LED de espectro continuo que nos proporcione una luz blanca lo más parecida a la solar. Las luminarias utilizadas en horticultura intensiva con luz artificial, y entre ellas las Sunlike TRI-R, son las más adecuadas. No así las lámparas LED convencionales que proporcionan la luz blanca a base de añadir luz azul a la luz amarillenta.

II.4 Interferómetro de Quincke

El físico alemán Georg Hermann Quincke (1834-1924) ideó un sencillo procedimiento para observar las interferencias acústicas. Se trataba de dos tubos acodados que, partiendo de un mismo foco emisor, llegaban a un mismo punto. Uno de los dos ramales estaba formado por tubos concéntricos deslizantes, de forma que la longitud del camino seguido por las ondas acústicas pudiera modificarse. El instrumento se utiliza aplicando un sonido senoidal puro en una de sus bocas y aplicando el oído en la otra. Al mover el codo deslizante se aprecia que la intensidad del sonido sube y baja debido a la aparición alternativa de interferencias destructivas y constructivas.

Figura 2.6. Tubos de Quincke caseros construidos con tubería de PVC.

Es bien sabido que las ondas acústicas son longitudinales, esto es, las vibraciones de las partículas gaseosas tienen la misma dirección que la de su propagación. Todo ello se traduce en una sucesión de compresiones y expansiones que viajan por el aire a la velocidad de 340 ms^{-1}; las ondas acústicas son, por tanto, ondas de presión.

En el interferómetro de Quincke, el sonido emitido por el foco se divide en dos para encontrarse de nuevo en la otra boca. Entonces pueden suceder dos casos extremos: que en el encuentro de las dos ondas coincidan dos compresiones (o expansiones) en cuyo caso el sonido se refuerza y, por el contrario, puede suceder que se superpongan una compresión y una expansión, en cuyo caso el sonido se atenúa. Es fácil deducir que el desplazamiento del codo deslizante que permite oír dos picos consecutivos de máxima (o mínima) intensidad coincide con una semilongitud de onda del sonido.

Figura 2.7. Despiece del interferómetro de Quincke casero.

Para trabajos experimentales con sonidos senoidales comprendidos entre 1000 y 5000 Hz, las dimensiones más recomendables para este instrumento, una vez montado, son 40x12 cm. Ello permite percibir con claridad las interferencias constructivas dentro del rango de frecuencias entre 1 y 5 KHz.

Los tubos, los codos y los conectores son material de fontanería de PVC de fácil y económica adquisición en cualquier establecimiento de bricolaje. La sección de los tubos, de ¾" y ½", permite el deslizamiento de los segundos por el interior de los primeros con un buen ajuste y la unión de las piezas es sumamente fácil utilizando un pegamento corriente para PVC.

II.5 Filtro polarizador de la luz

Existen numerosos portales en los que se puede adquirir láminas de polarización lineal para iluminación y grabación creativa a muy bajo precio[14]. Basta recortar un pequeño trozo y fijarlo al objetivo de la cámara para convertir nuestro *smartphone* en un analizador de luz polarizada. Para ello, el teléfono deberá estar equipado con alguna aplicación de medida de ángulos.

Para usar el teléfono como un analizador de luz polarizada en la forma más sencilla, activaremos la cámara y enfocaremos con ella hacia la fuente de luz polarizada objeto de estudio. Veremos que al girar el teléfono el campo visual de la pantalla se aclara o se oscurece según sean los planos de polarización de la luz incidente y de la lámina polarizadora que hemos instalado delante del objetivo. Ello nos permitirá estimar cuándo están cruzados o paralelos los planos de polarización de la luz incidente y del analizador.

Una forma más sofisticada de uso del *smartphone* como polarímetro es fijar la lámina polarizadora sobre el sensor de luz que se encuentra en la parte superior de la pantalla, junto a la cámara de *selfies*. A continuación cargaremos una aplicación de medida de ángulos, por ejemplo, *Clinómetro* del paquete *Physics Toolbox Suite* y otra de medida de intensidades luminosas, como por ejemplo, *Lux* del paquete Herramientas Inteligentes. De esta manera podremos medir ángulos e intensidades luminosas en todo momento, lo que nos permitirá precisar mejor el grado de paralelismo entre los planos de la luz y del analizador.

II.6 Puerto de audio

El puerto de audio, presente en todos los *smartphones*, admite por regla general un Jack tetrapolar de 3,5 mm. Su principal función es acoplar el dispositivo móvil al complejo micrófono-auriculares conocido popularmente como "manos libres" (Figura 2.8). Se trata de una entrada/salida presente en todos los dispositivos mó-

---

14 Puede adquirirse una lámina de 50x50x0,8 mm por menos de 10 €

viles que ofrece una gran versatilidad, dado que cualquier sensor que convierta una determinada magnitud en un impulso eléctrico combinado con una aplicación adecuada convertirá a nuestro *smartphone* en un medidor de esa magnitud. Así, por ejemplo, si se acopla un termistor (resistencia variable con la temperatura) nuestro teléfono puede ser un eficiente termómetro.

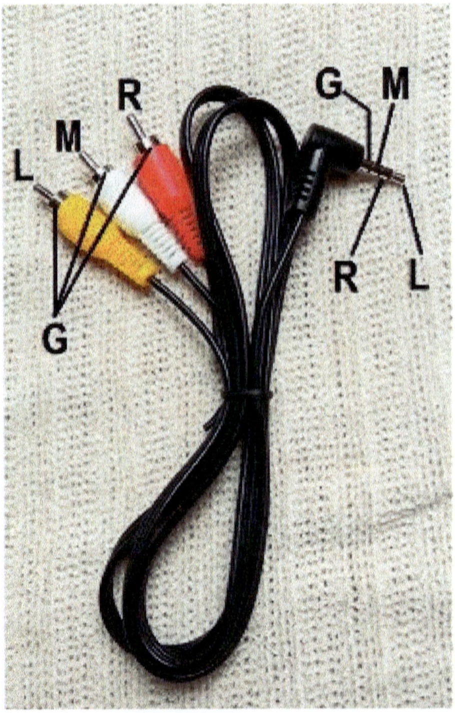

Figura 2.8. Cable coaxial de audio/video Rca. **L**-audio izquierdo; **R**-audio derecho; **M**-micrófono; **G**-masa.

Los micrófonos son transductores que convierten los sonidos en impulsos eléctricos; las células fotoeléctricas trabajan generalmente con rayos infrarrojos y generan un impulso cuando reciben luz o bien, si están iluminadas, la luz se interrumpe. Por su parte, las barreras eléctricas no son sino dispositivos mecánicos que cierran un circuito en condiciones muy concretas. El común denominador de todos estos dispositivos es la generación de un impulso eléctrico, en determinadas circunstancias, que puede ser introducido en un teléfono inteligente que, con el *software* adecuado, puede medir el tiempo transcurrido entre dos eventos consecutivos.

El puerto "manos libres" posee una doble salida de audio **L** y **R** para los dos canales estereofónicos de los auriculares y una entrada de micrófono **M** (figura 2.8). Esto está diseñado así para que los celulares puedan ser utilizados en el modo "manos libres" por los usuarios. Pues bien, la entrada de micrófono no es sino una entrada de impulsos eléctricos que, lo mismo puede procesar la señal procedente de un micrófono exterior que el impulso eléctrico generado por una fotocélula o por una simple barrera electromecánica.

Existen diversas aplicaciones que registran esos impulsos en una escala de tiempo y pueden medir con excelente precisión el intervalo temporal entre dos eventos. Dicho en otros términos, la entrada de micrófono combinada con una aplicación de medida de tiempos permite transformar nuestro teléfono en un exactísimo cronómetro.

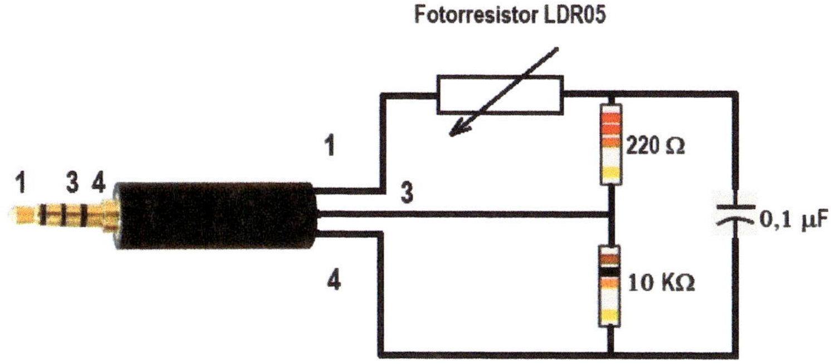

Figura 2.9. Esquema del acoplamiento de un fotorresistor al puerto "manos libres" de un teléfono inteligente.

Las puertas cronoeléctricas (fotocélulas, micrófonos o puertas electromecánicas) encuentran aplicación en experimentos de cinemática (caídas libres, descenso por plano inclinado, movimientos circulares, etc.) o en la medida del período de un movimiento periódico (movimientos pendulares, movimiento de un pistón, etc.) entre otras muchas aplicaciones. Todo consiste en disponer el dispositivo experimental de modo que el móvil genere sendos impulsos al pasar por las puertas, impulsos que serán introducidos en nuestro teléfono inteligente por el puerto del micrófono exterior.

Así pues, todo lo que hay que hacer es conectar el coaxial de color blanco de la figura 2.8 al terminal activo de un micrófono o de una puerta fotoeléctrica o electromecánica, según sea el tipo de experimentación que queramos hacer.

II.7 Puertas fotoeléctricas

Nos referiremos aquí al caso más común de fotocélulas destinadas a la medida del tiempo. Wisman y Forinash[15] (2013) proponen la construcción de una fotocélula externa el dispositivo móvil tan sencillo como eficiente.

---

15 WISMAN, R. y FORINASH, K., (2013ª), "Manual de construcción de fotopuerta y de la aplicación Mobile Science AudioTime+". Documento disponible en línea http://pages.iu.edu/~kforinas/MobileScience/AudioTimePlus/AudioTime+.htm

A los terminales del cable de la figura 2.8 se conectan una fotorresistencia, dos resistencias de polarización y un condensador en la forma que indica la figura 2.9. Las fotorresistencias que se encuentran en el comercio ofrecen unos 120 KΩ en oscuridad y 5 KΩ bajo luz.

II.8 Contador Geiger

El sensor periférico al que nos referimos aquí es básicamente un captador electrónico destinado fundamentalmente a la dosimetría personal. Los fundamentos de su funcionamiento radican en la interacción entre las radiaciones ionizantes y ciertos semiconductores. Cuando estos materiales se ven afectados por las radiaciones de alta energía (UV, RX o Rγ) se generan pares electrón-hueco. Debido a que el detector está polarizado por la tensión que requieren los auriculares, existe un campo eléctrico que conduce las cargas creadas hacia un circuito externo, según muestra la figura 2.10.

En el caso de los detectores de radiaciones ionizantes para teléfonos inteligentes, la señal eléctrica es inyectada por la entrada de micro del Jack de "manos libres". De esta manera, la aplicación pertinente contará los impulsos eléctricos recibidos por unidad de tiempo y presentará en pantalla los resultados dosimétricos.

Figura 2.10. Sensor externo de radiaciones ionizantes para Smartphone.

Puede encontrarse en el comercio *on-line* sensores cuyo precio oscila entre los 40 y los 80 € y vienen siempre acompañados de la aplicación de cuenteo que, normalmente, es gratuita.

II.9 Microscopio

Uno de los apartados que más ha ido mejorando con el paso del tiempo en nuestros teléfonos móviles es sin duda el fotográfico. A día de hoy encontramos muchos modelos que cuentan con cámaras capaces de ofrecernos grandes resultados, fotografías de gran calidad y sobre las que podemos apreciar hasta el más mínimo detalle. Equipado con una lente de alta potencia y dispuesto sobre una estructura suficientemente estable, nuestro teléfono móvil puede convertirse en un microscopio con el que podremos observar todo tipo de muestras, tanto por reflexión como por transparencia.

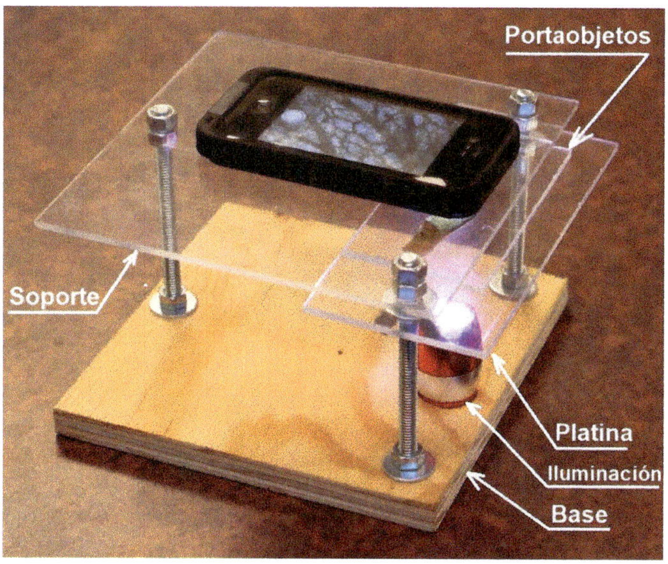

Figura 2.11. Dispositivo casero para uso del Smartphone como microscopio.

Por medio de *internet* se puede encontrar diversas formas de convertir nuestro *smartphone* en un microscopio usando materiales económicamente asequibles y fáciles de encontrar en el comercio. De todas las publicadas, la preferida del autor es la que ha publicado Yoshinok en el portal Workshop Science:

https://www.instructables.com/-10-Smartphone-a-la-conversi%C3%B3n-microscopio-digital/

El dispositivo, de construcción fácil y barata, consta de los siguientes elementos:

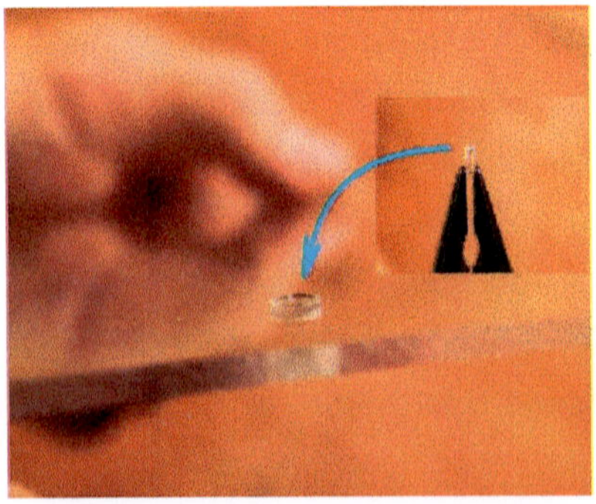

Figura 2.12. Detalle de la inserción de la lente en el soporte del microscopio.

- 1 placa de madera contrachapada rectangular de 20x15x1 cm para la base.
- 1 lámina rectangular de plexiglás de 20x15 cm y de grosor 3 mm para la plataforma.
- 1 Lámina rectangular de plexiglás de 15x5 cm y de grosor 3 mm para la platina
- 3 pernos de cabeza redonda 100x6 mm
- 9 tuercas de 6 mm
- 3 tuercas mariposas de 6 mm
- 5 arandelas de 6 mm
- (Opcional) 1 trozo rectangular de plexiglás de 6x2 cm como portaobjetos
- Una lente de enfoque de un puntero láser o de un viejo lector de CD
- Una pequeña linterna LED para observación por transparencia.

La parte más delicada de la construcción es la extracción de la lente de un viejo lector de CD o de un puntero láser. En esos aparatos, la lente es plano-convexa y se encuentra engastada en su emplazamiento por medio de un pequeño cerquillo roscado. Es preciso, pues, desenroscar dicho cerquillo y la lente quedará libre, según muestra la figura 2.12.

Será preciso luego practicar un orificio en el lugar adecuado de la placa soporte en el que pueda ser alojada la lente. Ese orificio lo haremos con un taladro a muy baja velocidad, con una broca de corte muy bien afilada. Lo mejor es hacer un orificio de diámetro ligeramente menor que el diámetro de la lente e ir retocando sus bordes con una lima de cola de rata hasta que la lente entre ajustada en su emplazamiento.

Para usar el microscopio así construido empezaremos por colocar el teléfono sobre la placa soporte, alineando correctamente la cámara con la lente[16]. Una vez realizada esta operación, el teléfono no debe moverse en absoluto.

Sobre la platina portaobjetos colocaremos la muestra microscópica[17] procurando que la zona de observación quede alineada con el eje fuente de luz-lente-cámara del

---

16 La alineación será correcta cuando el campo de visión sea amplio y diáfano.

teléfono, si de lo que se trata es de observar por luz transmitida (ver la figura 2.11). Si se trata de observar por luz reflejada, será preciso sacar la linterna LED de su emplazamiento y disponerla en el exterior, formando un ángulo de unos 45° con las platinas. De esta forma se puede ver y fotografiar detalles microscópicos de sólidos.

El enfoque se hace girando convenientemente las mariposas, acercando o alejando la platina portaobjetos a la lente-objetivo de nuestro improvisado microscopio. Si la observación se hace sobre una gota de agua de infusorios, es posible filmar con sorprendente nitidez las evoluciones de esos pequeños seres en vivo.

II.10 Adaptador a oculares

Una alternativa a la construcción del microscopio que acabamos de ver es la adquisición de un soporte-adaptador de nuestro *smartphone* a los oculares de los instrumentos ópticos. Existen en el mercado numerosos modelos con precios que van desde los 10 € hasta los 50 o más, dependiendo de la calidad de sus materiales.

Figura 2.13. Adaptador ocular para *smartphone* y su inserción en un anteojo astronómico y un anteojo terrestre.

La ventaja de estos dispositivos es su versátil capacidad de adaptarse a cualquier instrumento óptico (Figura 2.13). De esta forma es posible dotar a nuestros prismáticos, anteojos, telescopios, lupas binoculares o microscopios de la capacidad de fotografiar, filmar y guardar nuestras observaciones y compartirlas en formato de imagen.

Así pues, la combinación de los instrumentos ópticos tradicionales con los teléfonos inteligentes mediante la variada gama de adaptadores, adquiribles en el mercado, abre interesantes posibilidades en el aprendizaje de las ciencias, muy en particular en el campo de la observación científica en un extenso rango que va

---

[17] Se puede adquirir *on-line* preparaciones microscópicas por unidades o en colecciones muy completas a precios realmente asequibles.

Figura 2.14. Estudio visual comparativo del azúcar (arriba) y la sal de cocina (abajo). Apréciese la geometría monoclínica de los cristales de azúcar y la forma cúbica de los de cloruro sódico.

desde la observación microscópica, trabajos en geología y topografía, observación astronómica y naturalismo de animales y plantas en general.

De análoga forma, el *smartphone* puede ser adaptado a una lupa binocular, específica para hacer observaciones por medio de luz reflejada. En este ámbito, la combinación teléfono-lupa permite llevar a cabo interesantes trabajos en el campo de la geología y la edafología.

A modo de ejemplo, la figura 2.14 muestra las fotografías realizadas por un *smartphone* adaptado a una lupa binocular de 20 aumentos a una muestra de azúcar (arriba) y de sal de cocina (abajo). En ellas se aprecia el sistema de cristalización monoclínica de los primeros y el cúbico de los segundos.

Los adaptadores oculares permiten también la práctica de la astrofotografía con excelentes resultados. Con un adaptador ocular, cuyo costo no supera los 30 €, el teléfono inteligente puede ser acoplado a un anteojo o telescopio.

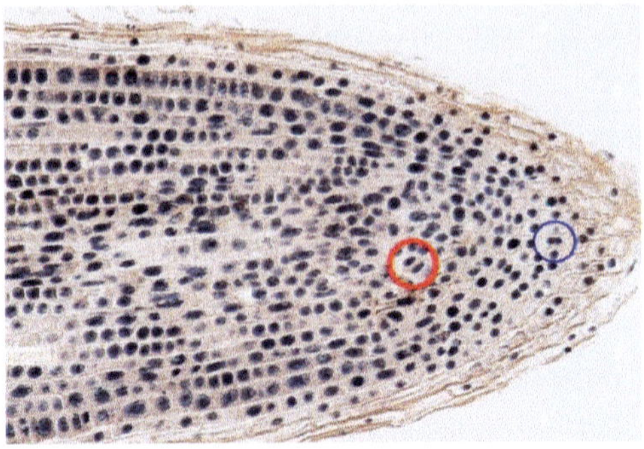

Figura 2.15. Microfotografía del meristemo de la raíz de una cebolla hecha con un *smartphone* adaptado a un microscopio. Los círculos rojo y azul señalan células en proceso de división.

En este tipo de usos en los que la intensidad de luz es ínfima se hace preciso abandonar el funcionamiento automático de la cámara eligiendo la modalidad PRO en la que podremos controlar manualmente el enfoque, la sensibilidad y la velocidad de obturación.

Para fotografiar astros se hace necesario aumentar la sensibilidad ISO de la cámara a la luz. Si en los usos habituales basta con un ISO de 100 o 200 en fotografía astronómica tendremos que usar de 800 en adelante. Eso sí, cuanto mayor sensibilidad pongamos, mayor "ruido"[18] tendremos.

Figura 2.16. Imagen del planeta Júpiter tomada con un iPhone acoplado a un telescopio Celestron de 700 mm.

Otra alternativa es aumentar el tiempo de exposición para aumentar así la cantidad de luz. La contrapartida es el movimiento aparente de los astros por causa de la rotación terrestre. Por este motivo, a no ser que nuestro telescopio disponga de un sistema de seguimiento automático, una exposición de muchos minutos será motivo de que los puntos luminosos se conviertan en pequeños segmentos circulares concéntricos a la estrella polar.

Finalmente, no debemos olvidar que con una luminosidad tan escasa como la del cielo nocturno los mecanismos automáticos de enfoque no funcionan. Por ello, hemos de enfocar manualmente la cámara al infinito.

[18] El "ruido" fotográfico es un efecto consistente en la aparición de un granulado que empobrece la definición de las imágenes, que aumenta a medida de que elevamos la sensibilidad.

CAPÍTULO III APLICACIONES

El mundo del *software* para teléfonos inteligentes se centra preferentemente en los dos sistemas operativos más importantes: Android e iOS; y no para de crecer, tanto en número como en variedad. Los grandes repositorios ofrecen infinidad de aplicaciones clasificadas por áreas: redes sociales, fotografía/video, música/sonido, deportes, dibujo, etc; con eficaces buscadores que permiten hallar con eficiencia cualquier aplicación existente.

De entre las muchísimas aplicaciones posibles nos referiremos aquí a aquellas que pueden ser útiles para los fines perseguidos en este libro y no son otras que las que convierten a nuestro teléfono inteligente en un instrumento científico, ya sea un teodolito, un sonómetro, un lúxmetro, un cronómetro, un medidor de radioactividad, etc. De entre las muchas existentes, el autor ha seleccionado aquellas que, a su juicio, dan mejores resultados en los diversos trabajos presentados aquí. De cada una de ellas se hará una descripción somera de su manejo y posibilidades y se incluirá el vínculo que permite acceder a la página de descarga que, por lo general, incluye todo tipo de información. El lector puede luego elegir esa aplicación o alguna de las muchas que hallará, según su juicio.

III.1 *AudioTime+* - Ciencia móvil Ciencia Móvil - AudioTime+ - Aplicaciones en Google Play

Se trata de una de las aplicaciones más interesantes y versátiles que permite medir con notable precisión el tiempo que media entre dos eventos de audio. Trabaja con el micrófono interno del teléfono o bien con cualquier impulso eléctrico que le entre por la línea microfónica del Jack de “manos libres” (ver “puertas cronoeléctricas” en el capítulo 2). Para ello, graba el sonido de forma continua en un intervalo temporal decidido por el usuario y después permite visualizar en pantalla ese sonido y hacer medidas sobre el sonograma y manipularlo.

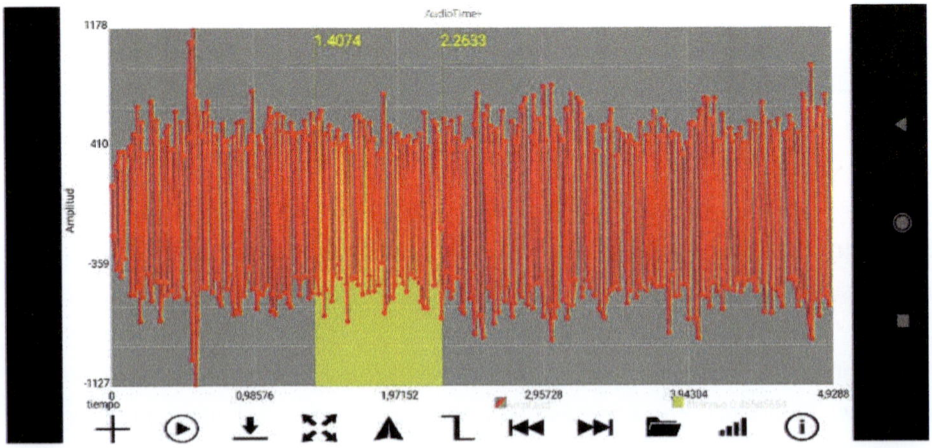

Figura 3.1. Pantalla de AudioTime+ con un sonograma en el que se ha seleccionado un intervalo comprendido entre 1,40 y 2,26 segundos desde el comienzo de la grabación.

La aplicación trabaja grabando de forma continua el audio durante un intervalo temporal controlado por el usuario. Un vez almacenada la grabación, tendremos en la pantalla el sonograma completo sobre el que podremos seleccionar los intervalos de tiempo que nos convenga, y sobre ellos, podremos determinar el valor de los picos de frecuencia más intensos. Es una aplicación que no solo registra las señales del micrófono sino también de la entrada *jack* de audio del dispositivo. Esto último le permite, por ejemplo, recibir información de una fotocélula o cualquier otro sensor que genere un impulso eléctrico, lo que lo hace apto para la medición de tiempos muy breves con alta precisión.

Todo ello resulta muy útil para nuestro propósito de medir la velocidad de un móvil por medio del efecto Doppler, ya que podremos conocer la frecuencia aparente del sonido del vehículo cuando se acerca y la frecuencia aparente, más baja, cuando se aleja, lo que nos permitirá calcular su velocidad.

La figura 3.1 muestra la pantalla principal de AudioTime+ con una grabación de 5 segundos de duración. Interesa ahora conocer la utilidad de los botones que aparecen en la banda blanca inferior de la pantalla, especificada en la figura 3.2.

Para hacer una grabación se pulsa primeramente el botón **+** para dejar limpia la pantalla. La grabación se inicia automáticamente y podremos escucharla mediante los botones de reproducción y paro.

Las funciones que más nos interesan son la determinación de la frecuencia dominante de un determinado intervalo temporal y los picos de máxima amplitud. Para ello señalaremos con el dedo sobre el sonograma el pasaje que queramos, el cual adquirirá color amarillo (figura 3.1). Al pulsar los botones "Frecuencia dominante (FFT)" y "Determinación del pico de máxima amplitud" dispondremos en pantalla de los datos experimentales que nos permitirán calcular la velocidad del foco acústico.

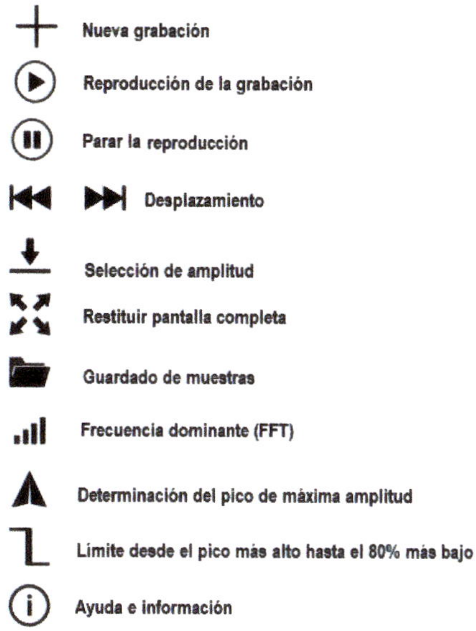

Figura 3.2. Comandos de AudioTime+.

III.2 *Gieger Reader Toolkit*

Se trata de una aplicación gratuita, desarrollada por *Open Source Physics Singapore*, que registra los impulsos eléctricos producidos por un sensor Geiger insertado en el puerto de "manos libres" del teléfono inteligente. Esta aplicación funciona mejor que otras que acompañan a

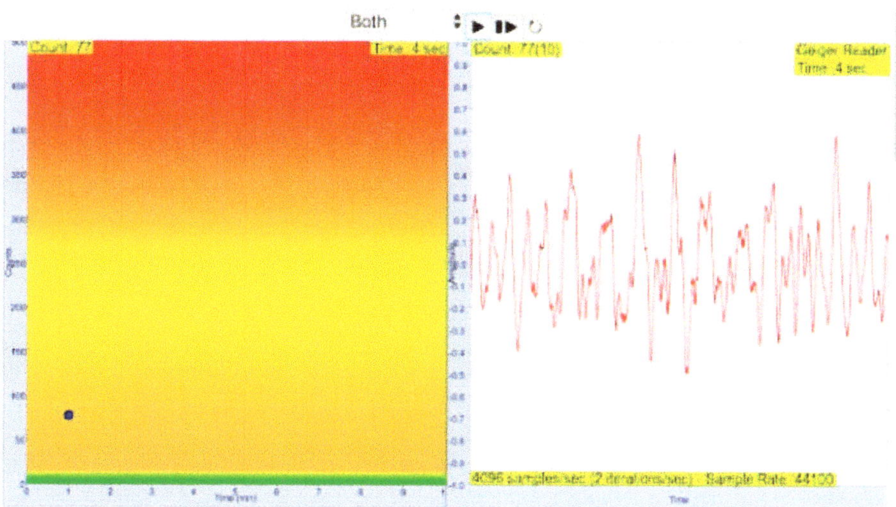

Figura 3.3. Pantalla principal de *Geiger Reader Toolkit*, de Open Sourde Physics Singapore.

los sensores comerciales, los cuales dan lecturas más altas de lo normal, probablemente porque están concebidas para ser utilizadas en la medición de la radiación ambiental. En consecuencia, esta aplicación es más adecuada para fuentes de radioactividad específicas.

Con ella y el sensor correspondiente, podemos convertir a nuestro *smartphone* en un medidor de la intensidad instantánea de la radiación y también en un dosímetro.

III.3 *Light Analyzer*

Es una aplicación gratuita para el análisis espectrofotométrico de la luz visible, creada por *Open Source Physics Singapore*, que trabaja con la cámara fotográfica. Requiere la instalación de una rendija de colimación y una red de difracción delante del objetivo. La luz, colimada por la rendija y dispersada por la red de difracción, es captada por la placa de fotodiodos que convierten la energía luminosa en impulsos eléctricos, los cuales son elaborados por un controlador que procesa esos impulsos, componiendo la imagen del espectro en la pantalla.

En la página web del creador se incluye un enlace que permite descargar gratuitamente el archivo de un sencillo espectroscopio que puede ser construido con una impresora 3D.

https://drive.google.com/file/d/1fUGUpJxKvVWYoVEh-YfhQ8FEo_uo7Mz9/view

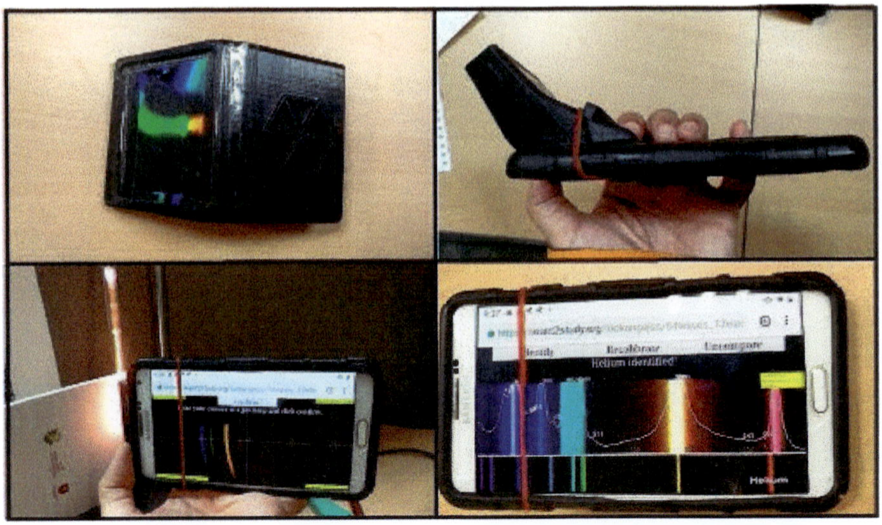

Figura 3.4. El Smartphone equipado como espectrofotómetro.

Existe otra página donde se puede descargar el plano de un recortable para la construcción de un espectroscopio casero de cartulina que da muy buen juego con esta aplicación.

https://publiclab.org/wiki/foldable-spec

En el capítulo 2 de este libro se ha descrito la construcción de un espectroscopio casero que incluye como red de difracción un trozo recortado de un DVD. Dicho dispositivo ha sido probado por el autor con resultados francamente buenos.

Este analizador de luz requiere una calibración previa que ha de hacerse con la luz de una lámpara fluorescente. Estas lámparas contienen una pequeña cantidad de vapor de mercurio y un gas inerte, habitualmente neón, a una presión más baja que la atmosférica. En cada extremo del tubo se encuentra un filamento de wolframio que, al calentarse al rojo, contribuye a la ionización de los gases. Por tanto, el espectro de la luz fluorescente incluye las rayas características del neón y del mercurio y son precisamente esas rayas las que la aplicación utiliza para su calibrado.

III.4 *Spectral Workbench*

Una alternativa a la anterior es la aplicación *Spectral Workbench*, de uso *on-line* a través de la página web del mismo nombre: https://spectralworkbench.org/

Se trata de un *software* de código abierto, creado por *Public Lab* y soportado por la organización sin fines de lucro *Public Lab* que, como la anterior, requiere la instalación de un espectroscopio a la cámara posterior de nuestro móvil. La forma de uso es muy parecida a la aplicación anterior pero, en este caso, los espectros no son procesados por aplicación alguna instalada en el teléfono sino que son enviados vía web a *Public Lab* y allí son procesados. Tras ello, recibiremos en nuestro celular los resultados espectrofotométricos.

III.5 *Advanced Spectrum Analyzer*

Es un analizador acústico, desarrollado por Wojciech Czaplejewicz, del sonido captado por el micrófono que utiliza la Transformada Rápida de Fourier para descomponer en tiempo real una onda acústica compleja en sus armónicos constituyentes. La aplicación alcanza una resolución de 2,7 Hz con frecuencias de muestreo 44,1 KHz o 48 KHz.

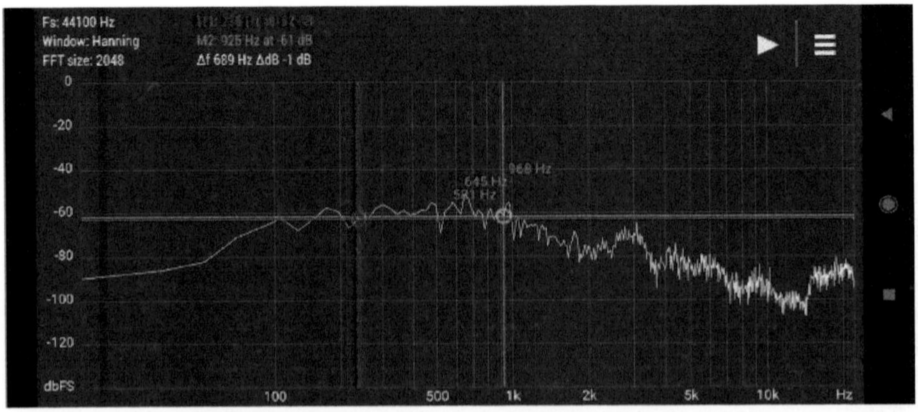

Figura 3.5. Pantalla de *Advanced Spectrum Analyzer Pro.*

Ofrece la posibilidad de mostrar el espectro en escala lineal o logarítmica así como dos marcadores independientes de frecuencia-amplitud en cualquier punto de la curva espectral que pueden ser seleccionados por el dedo del usuario. Los valores de los puntos seleccionados aparecen en la franja superior de la pantalla, así como la diferencia de frecuencias de ambos.

En la esquina superior derecha aparecen los botones puesta en marcha/detención y ajustes. Pulsando en el segundo accederemos al botón de captura de pantalla que permite convertir a formato JPG el espectro. El segundo botón *Enable Peak Hold* permite mantener los puntos seleccionados de la curva espectral.

III.6 Dioptra

Se trata de una aplicación inspirada en la dioptra, un antiguo instrumento astronómico y topográfico inventado en la Grecia clásica del s. III a. C. Utiliza la cámara trasera del móvil a modo de ojo para realizar determinaciones topográficas y de navegación.

El manejo no puede ser más sencillo: una vez arrancada la aplicación podemos ver en pantalla, a través de la cámara, el punto topográfico o astronómico cuyas coordenadas de altitud sobre el horizonte (cabeceo) (Figura 3.6 derecha) y azimut (distancia angular con el eje NS, Figura 3.6 centro) deseamos conocer. La aplicación realiza las medidas a través del sensor giroscópico. Además, la aplicación proporciona el alabeo (ángulo que forma la horizontal vista con la verdadera horizontal, Figura 3.6 izquierda) y las coordenadas geográficas del lugar que ocupa el usuario, mediante el sensor GPS (Figura 3.6 esquina superior izquierda).

Figura 3.6. La retícula de *Dioptra* permite una excelente alineación del móvil con el objeto y es particularmente útil en las determinaciones astronómicas.

Esta aplicación, tan sencilla como segura, tiene un grave inconveniente: la pantalla muestra lo que la cámara ve y sobre ese campo visual aparece una retícula en forma de dos ejes cartesianos o un cuadrado (elegible a voluntad del usuario) cuya finalidad es dirigir con precisión el eje óptico de la cámara al punto elegido, para determinar así sus coordenadas angulares con la debida corrección. Pues bien, esas líneas se hacen prácticamente invisibles cuando el campo visual está muy iluminado, lo cual impide una buena determinación. Es una verdadera pena que una aplicación tan bien diseñada tenga un defecto de semejante calibre, defecto que podría ser fácilmente subsanado por el creador de la aplicación con solo aumentar el grosor de las líneas o cambiar su color para que destaquen sobre el fondo. Los paquetes de aplicaciones *Physics Toolbox Suite* y *Herramientas Inteligentes*, que veremos más adelante, disponen de medidores de ángulos a través de la cámara que pueden sacarnos del atolladero cuando *Dioptra* nos dé este problema.

III.7 *Gauss Meter*

Esta aplicación, creada por *Keuwsoft*[19] utiliza el sensor magnético para medir la densidad de flujo magnético **B** en gauss o Tesla. Su pantalla es muy intuitiva: tiene en la parte superior un dial analógico que permite la lectura de la medida en gauss

---

19 Entidad creada en 2013 que se dedica a la creación de aplicaciones informáticas destinadas a la experimentación y el aprendizaje. Tiene su sede en Londres, su página web es: https://www.keuwl.com/ y su contacto es *developer@keuwl.com*

o en teslas a voluntad del usuario. Más abajo, en el centro de la pantalla, aparece la medida instantánea y debajo los valores máximo, mínimo y promedio de la intensidad del campo **B**. Esas determinaciones las hace con una resolución 0,15 en el rango comprendido entre 0 y 74 μT. Justo debajo aparecen cuatro botones. El primero borra los valores máximo, mínimo y promedio de un experimento. El segundo convierte el nivel de intensidad del campo en un sonido más agudo cuanto mayor sea ese nivel y el tercero es el botón de pausa de un experimento.

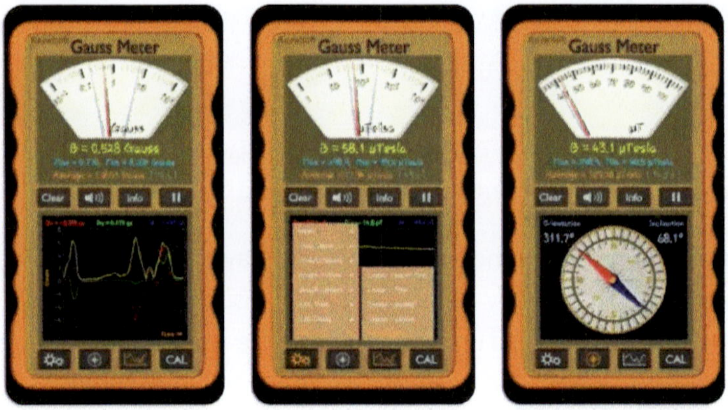

Figura 3.7. Pantalla de Gauss Meter en la modalidad gráfica, calibrado y brújula.

En la mitad inferior de la pantalla aparece la brújula, la gráfica **B** vs. **t** o el calibrado en las tres coordenadas espaciales. Finalmente, ya abajo, están los botones de ajustes, de selección de brújula o gráfica y de calibrado.

Esta aplicación permite experimentar en el campo del electromagnetismo: es posible determinar la intensidad del campo magnético terrestre, se puede realizar el experimento de Örsted, experimentar con el campo magnético creado por espiras y solenoides, estudiar experimentalmente el campo magnético de un imán, etc.

III.8 *Dual Channel Function Generator*

Keuwsoft, el mismo desarrollador que la anterior aplicación, ha creado un generador dual de ondas con una velocidad de muestreo de 44,1 KHz y resolución de 16 bits. Esto significa que a altas frecuencias las formas de onda se verán distorsionadas debido al número limitado de muestras por cada forma de onda[20]. Esta aplicación tiene realmente dos generadores de ondas independientes. Sus señales pueden ser enviadas de forma indistinta a los canales 1 y 2 de la salida de audio estéreo del teléfono y pueden ser escuchadas por los altavoces del móvil o bien por la salida de auriculares.

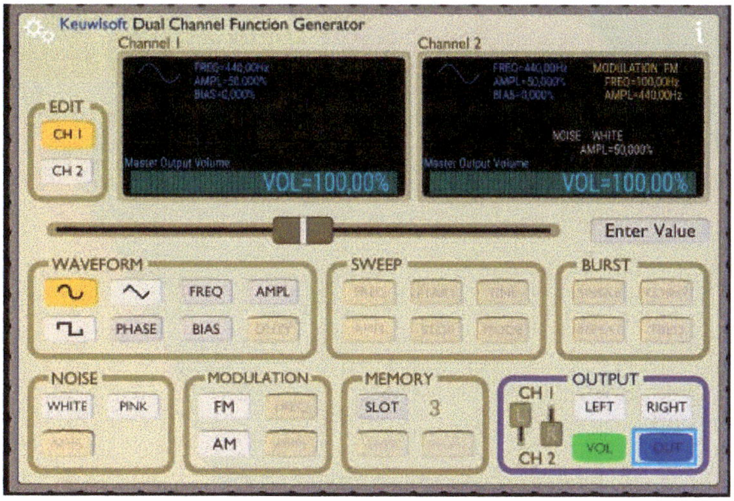

Figura 3.8. Pantalla del generador dual de funciones.

La pantalla de esta aplicación es tremendamente intuitiva, consta de dos pantallas que muestran la forma de onda y sus valores propios en cada canal. A su izquierda se halla el cuadro de diálogo EDIT que permite seleccionar uno de los dos canales. Una vez seleccionado el canal podremos elegir la forma de onda en ese canal actuando en el cuadro de diálogo WAVEFORM. Podemos elegir una onda senoidal o en diente de sierra o cuadrada. Al pulsar el botón FREQ se activa el comando "Enter value" y al pulsarlo se activa un cuadro de diálogo que permite introducir numéricamente la frecuencia; también es posible variar levemente la frecuencia con el comando deslizante. El botón AMPL funciona de igual manera y permite ajustar la amplitud como un tanto por ciento del máximo permisible. El botón PHASE sirve para controlar la fase, entre 0 y 360 grados, de las ondas que emergen por los canales 1 y 2 (esto es particularmente útil en la realización de trabajos cuya finalidad es experimentar con los efectos de las diferencias de fase de los sonidos que

20 Así, por ejemplo, una onda senoidal de 4,41 KHz estaría representada por tan solo 10 puntos.

llegan a ambos oídos). Finalmente, el botón BIAS[21] permite ajustar la polarización de la forma de onda como un porcentaje que asegure que la suma BIAS + amplitud de onda + amplitud del ruido no supere el límite de distorsión.

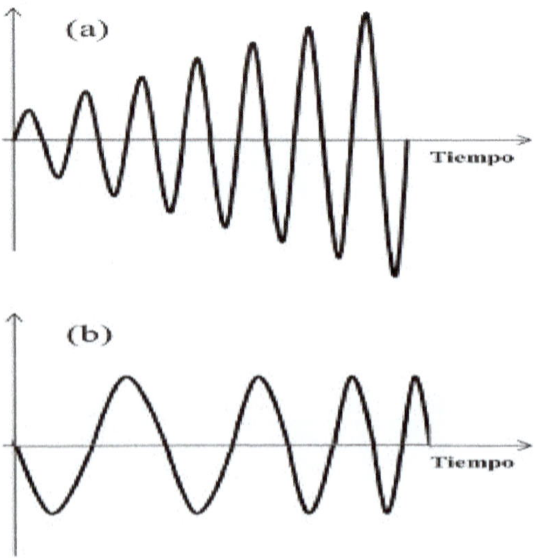

Figura 3.9. El barrido (*sweep*) de una forma de onda puede hacerse en amplitud (a) o en frecuencia (b).

El cuadro de diálogo SWEEP (barrido) solo funciona cuando no se utilizan los cuadros de diálogo BURST (ráfaga) o MODULATION. Su finalidad es variar progresivamente la frecuencia o la amplitud de las señales en los canales 1 y 2 actuando respectivamente sobre los botones FREQ o AMPL. Se puede definir el valor (de frecuencia o de amplitud) de partida del barrido mediante el botón START y el de finalización con el STOP. El botón TIME permite seleccionar el tiempo que dura el barrido (de frecuencia o de amplitud). Finalmente, el botón MODE permite seleccionar entre un simple barrido (*single-off*) un barrido que mantenga el valor final (*single hold*), un barrido que se repite indefinidamente (*repeat*) o un barrido que se repite en dirección inversa (*bounce*).

El cuadro de diálogo BURST (ráfaga) solo puede activarse si no se usan los cuadros SEEP o MODULATION. Sirve para seleccionar un número específico de formas de onda que se reproducen una sola vez si pulsamos el botón SINGLE, se repiten indefinidamente pulsando REPEAT o se repiten un determinado número de veces comprendido entre 1 y 10 000 si se elige la opción COUNT o se repiten con una cierta frecuencia que definiremos con el botón FREQ. La función BURST permite experimentar con las características y funcionamiento de nuestro sistema auditivo, según veremos en la segunda parte de este libro.

---

21 *Biologycal Interference with Acoustic System.* Se refiere al valor de DC (corriente continua) introducido en un transistor o una válvula durante el reposo de su funcionamiento, es decir, su corriente de polarización.

El cuadro NOISE permite generar ruido blanco[22] y rosa[23] independientemente por cada uno de los dos canales estéreo. Podemos definir la intensidad del ruido por medio del botón AMPL.

Los botones del cuadro MODULATION solo se activan si no se usan los comandos de barrido o de ráfaga (SWEEP o BURST). Por modulación se entiende la superposición de una onda llamada *señal* sobre otra (generalmente de mayor frecuencia) llamada *portadora*.

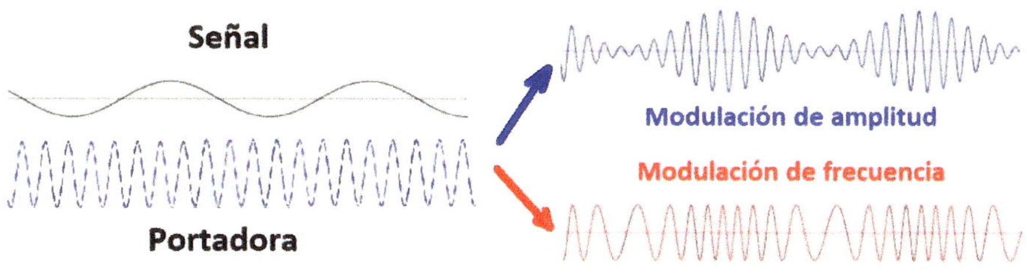

Figura 3.10. Esquema de los dos tipos de modulación de una onda portadora por una señal.

En la modulación de amplitud es la amplitud de la portadora la que se ve afectada por la señal en tanto que en la modulación de frecuencia lo que se modifica en la portadora es su frecuencia (Figura 3.10). Para modular una portadora debe empezarse por elegir la señal que se va a modular, actuando en el cuadro WAVEFORM. Después actuaremos en el cuadro MODULATION, donde elegiremos la modulación en frecuencia o en amplitud así como su frecuencia y su intensidad.

La aplicación cuenta con 10 memorias por cada uno de los dos canales que pueden ser grabadas o recuperadas a través de los comandos del cuadro MEMORY. Para copiar una forma de onda grabada de un canal y pasarlo al otro bastará recuperarla pulsando en el botón SLOT y eligiendo cuál de las diez memorias queremos

22 Se caracteriza por el hecho de que sus valores de señal en dos tiempos diferentes no guardan correlación estadística. Como consecuencia de ello, su densidad espectral de potencia (PSD, power spectral density) es una constante, es decir, su gráfica es plana. Esto significa que la señal contiene todas las frecuencias y todas ellas muestran la misma potencia. Igual fenómeno ocurre con la luz blanca, de allí la denominación.

23 Técnicamente se define como aquel que tiene una distribución de frecuencias tal que su densidad espectral de potencia es proporcional a la inversa de la frecuencia. Esto significa que en el ruido rosa las frecuencias bajas son más potentes que las altas lo que le hace útil para muy útil para hacer cierto tipo de mediciones, como las de aislamiento acústico, la calibración de equipos o la ecualización de recintos.

recuperar, luego pulsaremos RECALL. Posteriormente iremos al cuadro EDIT y seleccionaremos el otro canal; finalmente, pulsaremos SAVE en el cuadro MEMORY para guardar la forma de onda.

Para finalizar nos referiremos al cuadro OUTPUT cuya finalidad es adjudicar los canales 1 y 2 al lado izquierdo o el derecho mediante los botones deslizantes L y R. También podemos activar uno u otro o ambos pulsando los botones LEFT y RIGHT y controlaremos el volumen con el botón VOL. La puesta en marcha de la salida de audio se producirá al pulsar el botón OUT.

III.9 *Physics Toolbox Suite*

La firma norteamericana *Vieyra Software* ha creado bajo este nombre un paquete de aplicaciones que utilizan todos los sensores internos del teléfono para recopilar, mostrar, registrar y exportar archivos de datos en formato .csv. Dispone de una página web https://www.vieyrasoftware.net/ para leer e informarse sobre el uso de casos en investigación y desarrollo así como obtener planes de lecciones para educadores de ciencia (especialmente la física), tecnología, ingeniería y matemáticas. La disponibilidad, precisión y exactitud de los sensores dependen del *hardware* del *smartphone* en uso.

Los sensores, generadores y herramientas de análisis de datos incluyen lo siguiente:

- *Cinemática:*
  - Medidor de fuerza gravitacional.
  - Acelerómetro lineal (aceleración x, y, z)
  - Giroscopio (velocidad radial x, y, z)
  - Clinómetro (azimut, balanceo y cabeceo)
  - Transportador (ángulo desde la vertical u horizontal)
- *Acústica:*
  - Medidor del sonido (intensidad del sonido)
  - Detector de tono (frecuencia y tono musical)
  - Generador de tono (productor de frecuencia del sonido)
  - Osciloscopio (forma de onda y amplitud relativa)
  - Analizador de espectro (Transformada Rápida de Fourier gráfica)
  - Espectrograma (cascada FFT)

- *Luz:*
  - Sensor de luz (intensidad de luz)
  - Detector de color (a través de la cámara fotográfica)
  - Generador de color (RGB, YCM, blanco y pantalla de color personalizdo)
  - Proxímetro, movimiento periódico y temporizador (modos temporizador y péndulo)
  - Estroboscopio (a través del *flash* de la cámara)
  - WIFI (intensidad de la señal de *wifi*)
- *Magnetismo:*
  - Brújula (dirección del campo magnético y nivel de burbuja)
  - Magnetómetro (intensidd del campo magnético x, y, z o total)
  - Magna-AR (visualización de realidad aumentada de vectores de campo magnético)
- *Otros:*
  - Regla (distancia entre dos puntos)
  - GPS (Latitud, longitud, altitud, velocidad, dirección y número de satélites)
  - Barómetro (Presión atmosférica)
  - Temperatura del sistema (temperatura de la batería).

Además, *Physics Toolbox* permite elegir uno o más sensores del teléfono para recopilar datos simultáneamente a través de la función MULTIREGISTRO. A su vez, la función SENSOR DUAL muestra los datos recogidos por dos sensores previamente elegidos en un solo gráfico y en tiempo real. Dispone también de otra función llamada MONTAÑA RUSA que combina el medidor de fuerza G, el acelerómetro lineal el giróscopo y el barómetro.

Physics Toolbox dispone también de una aplicación de representación gráfica, llamada PLOTTING, de datos manuales, que han de ser ingresados manualmente para obtener el gráfico.

Entre sus características interesantes figura la de grabar los datos sin más que pulsar el botón rojo de acción flotante en cada aplicación. Esos datos pueden ser exportados por correo electrónico o compartidos a través de Google Drive o Dropbox.

En todas las aplicaciones, los datos pueden ser visualizados en forma gráfica, digital o vectorial y los sensores pueden ser calibrados en todos los casos.

Physics Toolbox es, por tanto, una de las colecciones de aplicaciones más interesantes y versátiles de cara a los objetivos perseguidos en este libro. En su página web el lector podrá informarse sobre sus múltiples utilidades en el campo de la física, de la química, de la biología y de las ciencias del espacio y de la Tierra.

III.10 *Phyphox*

La Universidad Técnica de Aquisgrán, más conocida como RWTH *Aachen University*, registrada en Alemania, la Unión Europea, EEUU y otros países, posee la marca comercial *Phyphox* que, entre sus productos estrella, ofrece el software de código abierto Phyphox (*Physical Phone Experiments*) para el sistema operativo Android. El lote de aplicaciones se descarga gratuitamente en cualquiera de los repositorios habituales (Google Play, Play Store, etc.) existiendo una versión Pro algo más completa y exenta de publicidad.

Phyphox da acceso a los sensores del teléfono, ya sea directamente o mediante experimentos, listos para desarrollar, que analizan los datos y permiten exportarlos sin procesar junto con los resultados para un análisis posterior. Incluso es posible crear los propios experimentos utilizando un editor que se encuentra en el sitio web phyphox – Experimentos físicos telefónicos y compartirlos con colegas y estudiantes.

Una vez cargado *Phyphox* en nuestro móvil, lo primero que se nos muestra, a modo de pantalla general, es una lista de experimentos agrupados según los sensores que utilizan, los cuales detallaremos. Al pulsar en el nombre del experimento se abre una pantalla, siempre con mismo formato, que tiene en la banda superior el nombre del experimento, el botón de arranque/detención de la toma de datos, el botón de borrado y el botón del menú que permite acceder a la información sobre el experimento, la exportación de datos, la captura de pantalla, la ejecución cronometrada del experimento, el permiso de acceso remoto y el guardado de los datos recogidos.

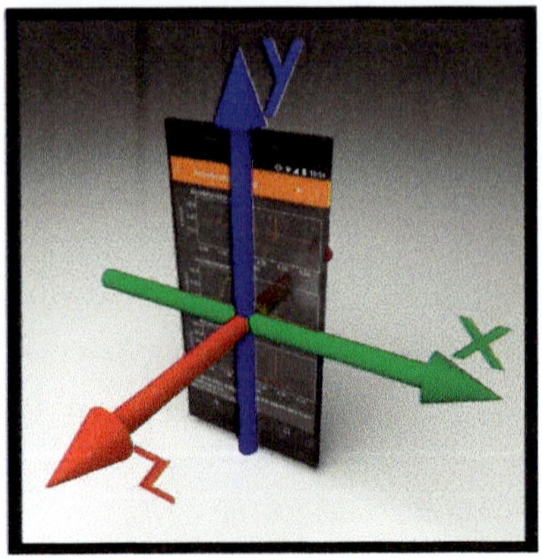

Figura 3.11. Coordenadas de Phyphox.

La pantalla de todos y cada uno de los experimentos ofrece la posibilidad de visualizar los datos de forma gráfica en cada uno de los tres ejes de coordenadas del teléfono (Figura 3.11), también es posible la visualización numérica.

Los experimentos se hallan agrupados en seis categorías:

A. Sensores

Aceleración (sin *g*): obtención de datos sin procesar proporcionados por el acelerómetro lineal, que proporciona aceleración real sin la aceleración de la gravedad. A diferencia de "aceleración con *g*", este sensor proporciona 0 cuando el dispositivo está en reposo.

Aceleración con *g*: Se trata de la misma toma de datos que en el caso anterior, pero ahora el sensor no restará la fuerza gravitacional por lo que mostrará una aceleración de 9,81 ms^{-2} cuando el teléfono esté en reposo.

Giroscopio: La obtención de datos sin procesar del sensor giroscópico arroja datos sobre la velocidad angular del teléfono, por lo que resulta muy útil en el estudio experimental de las rotaciones.

Magnetómetro: El sensor magnético del teléfono es bastante sensible, ya que está diseñado para medir el campo magnético terrestre actuando como una brújula. Es preciso, por tanto, no olvidar que está expuesto a los campos magnéticos internos de la electrónica del teléfono y ello obliga a un calibrado previo antes de hacer cualquier medida. Por el mismo motivo, no debemos exponer nuestro móvil a fuertes campos magnéticos si no queremos deteriorar el sensor magnético.

Presión: Si el teléfono posee sensor barométrico, esta utilidad se mostrará activada.

Ubicación: Esta utilidad permite obtener los datos de posición de nuestro teléfono, sin procesar, de la navegación por satélite. Se muestran en pantalla la velocidad, la dirección y la distancia recorrida, obtenidas por la variación de las posiciones GPS desde el comienzo del experimento hasta su final.

B. Acústica

Bajo esta denominación se agrupan ocho aplicaciones de audio que utilizan el micrófono y los altavoces del móvil. En general, el uso de un micrófono externo en sustitución del interno del móvil, mejorará los resultados en todos los casos.

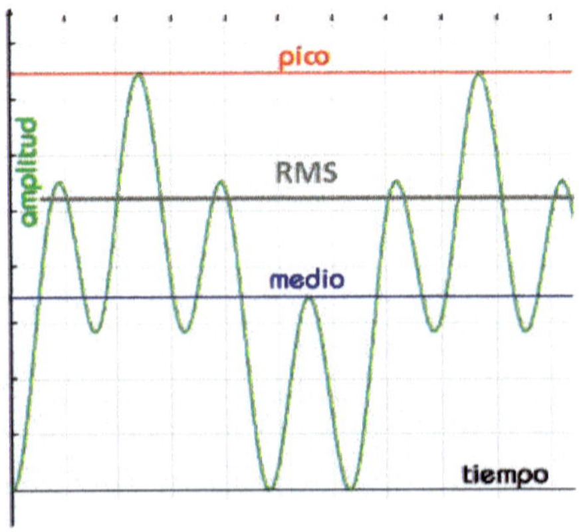

Figura 3.12. Amplitudes de pico, RMS y media en una onda periódica compleja.

Amplitud de audio: Mide el nivel de presión acústica del audio captado por el micrófono. Para ello, la aplicación toma muestras de 100 ms de duración sobre las que calcula el RMS (*Root Mean Square*), es decir, la media cuadrática de las amplitudes sobre el espectro de Fourier. Téngase en cuenta que los sonidos complejos no son sino la suma de todos sus armónicos senoidales resultantes de la descomposición espectral. Si se pretendiera calcular la potencia por medio de la suma algebraica de las amplitudes, el resultado sería cero, dada la simetría de la curva, algo que se aprecia perfectamente en la figura 3.13. A partir del valor RMS se calcula la presión acústica SPL (*Sound Power Level*) en decibelios.

Para hacer las mediciones no se requiere configuración alguna, tan solo basta apuntar el micrófono hacia la fuente sonora cuya potencia se desea medir, evitando todo lo posible la llegada al micrófono del sonido ambiental.

Como en la mayoría de las aplicaciones, se requiere un calibrado previo si se desea obtener resultados razonablemente buenos.

Figura 3.13. Los máximos de una señal periódica compleja corresponden a la frecuencia fundamental de la misma.

Autocorrelación de audio: Determina la frecuencia y el período de una señal de audio de una sola frecuencia (por ejemplo, una nota emitida por un instrumento musical). Para ello, la aplicación toma muestras de 100 ms (Figura 3.13) y cuenta el número de máximos de amplitud acontecidos en ese período, determinando así la frecuencia fundamental como el cociente entre el número de máximos y el tiempo de duración de la muestra.

Se trata, pues, de un método estadístico en el que se señalan todos aquellos picos de amplitud que tienen un parecido entre sí y se los identifica como el resultado de la presencia de una frecuencia fundamental. Permite, por tanto, encontrar la frecuencia fundamental de un sonido tonal aun cuando pueda estar parcialmente enmascarado por un ruido.

Efecto Doppler: Esta aplicación mide el cambio de frecuencia de una señal de referencia debido al efecto Doppler y es capaz de determinar la velocidad relativa entre el teléfono y el emisor de la señal de referencia.

Para ello, la aplicación necesita una fuente de audio que emita un tono de frecuencia constante situada en el rango 300-5000 Hz[24]; valdrá para ello un segundo teléfono equipado con un software de generación de tonos[25]. Una vez seleccionada la frecuencia de referencia en el segundo teléfono, ingresaremos dicho valor en el cuadro de configuración.

Con objeto de que el algoritmo de cálculo dé los mejores resultados, se debe ingresar también el rango en el que se moverá la frecuencia aparente por efecto Doppler así como la velocidad del sonido a la temperatura ambiente del experimento.

Esta aplicación usa la autocorrelación (descrita en el punto anterior) para determinar la frecuencia aparente. Ahora bien, en lugar de calcular la autocorrelación todo el tiempo, solo se calcula la autocorrelación correspondiente al rango de frecuencia aparente alrededor de la frecuencia de referencia.

Para obtener buenos resultados se recomienda realizar los experimentos en el ambiente menos ruidoso posible y calibrar la frecuencia de referencia, midiendo dicha frecuencia con la aplicación anterior (Autocorrelación de audio).

---

24 Este es el rango en el que los micrófonos dan mejores respuestas ya que están diseñados para la transducción de la voz y es este, precisamente, su rango de frecuencias principal.

25 El paquete Phyphox incluye una aplicación de generación de tonos.

Espectro de audio: Esta aplicación graba audio del micrófono y calcula su espectro de frecuencias a través de la Transformada Rápida de Fourier (FFT). Se puede elegir el número de muestras utilizadas para la obtención del espectro; eso sí, cuanto mayor sea el número de muestras, mayor será la precisión y viceversa.

La pantalla de la aplicación dispone de un menú en la barra superior que permite visualizar el espectro[26] o el sonograma de amplitudes. También se puede seleccionar el número de muestras desde un mínimo de 2 048 hasta un máximo de 32 768 accediendo al menú AJUSTES. En esta última pantalla es posible activar un generador de ruido blanco.

Generador de tonos: Esta aplicación, la más sencilla de todas, no registra ningún dato sino que genera un solo tono de una frecuencia seleccionable y lo emite por el altavoz. Dado que los altavoces internos de los teléfonos dan una mala respuesta por debajo de los 100 Hz y por encima de 10 000 Hz, no cabe esperar buenos resultados para frecuencias por fuera de este rango. Esta circunstancia es advertida en pantalla con el mensaje Estado: frecuencia baja o frecuencia alta. Solo dará buenos resultados si el mensaje es Estado: OK.

Historial de frecuencia: Se trata de una aplicación que mide el cambio de frecuencia a lo largo del tiempo para un solo tono. El principio de su funcionamiento es el mismo que la aplicación "Autocorrelación de audio" ya vista, es decir, se registran bloques de audio de 10 ms y se calcula la autocorrelación de los datos (Figura 3.13).

Esta aplicación ofrece utilidad a la hora de estudiar la evolución del tono de un sonido sostenido en el tiempo como, por ejemplo, el sonido de un piano con mucho *soustain*. Ahora bien, la presencia de armónicos muy intensos perturba el cálculo y empobrece los resultados.

Sónar: Mide distancias por medio de los ecos y la velocidad del sonido. Para ello, la aplicación genera sonidos cortos a través del altavoz y graba sus ecos con el micrófono. Con estos datos y la velocidad del sonido, calcula la distancia a la que se encuentra el objeto causante del eco.

Tanto el ruido ambiental como las reflexiones no deseadas del sonido empobrecen los resultados. Por ello, es recomendable hacer las medidas en el ambiente más silencioso posible y atenuar las reflexiones en paredes, suelo y techo todo

26 La visualización puede hacerse en ejes normales o logarítmicos a voluntad del usuario.

cuanto se pueda. En este sentido es interesante el uso de un micrófono y un altavoz externos.

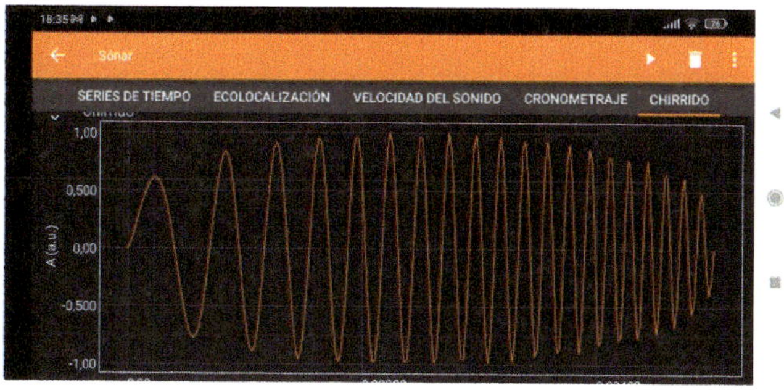

Figura 3.14. Sonograma de los pulsos acústicos generados por la aplicación *Sónar*.

El sonido que emite el altavoz no es un clic sino un chirrido formado por una función sinusoidal de duración 5 ms cuya frecuencia sube desde 1 KHz hasta 4 KHz con comienzo y final no abrupto (figura 3.14). Ese chirrido se repite cinco veces en un intervalo de unos 30 ms.

La grabación de los ecos se realiza simultáneamente y *Phyphox* calcula la correlación cruzada de los cinco chirridos emitidos y de sus ecos. De esta manera, la aplicación cuantifica el parecido espectral entre los sonidos emitidos y los ecos, midiendo el tiempo que media entre cada sonido emitido y su eco. Ese tiempo es multiplicado por la velocidad del sonido en el aire y dividido por dos, mostrando finalmente este último valor como la distancia medida.

Visualizador de audio: Muestra en pantalla una onda de sonido captada por el micrófono. Es, por tanto, un osciloscopio virtual.

La aplicación trabaja con el micrófono del teléfono y admite un micrófono externo, no requiriendo configuración alguna. Eso sí, conviene apuntar el micrófono hacia la fuente emisora intentando amortiguar en lo posible el ruido ambiental.

Esta aplicación registra continuamente períodos sobre el tiempo establecido en *ms.* En estos datos busca un momento en el que la señal de audio cruza de valores positivos a negativos y muestra los datos de este cruce. De esta manera se logra mostrar una imagen "estable", por lo que los máximos de señales en la misma frecuencia siempre se muestran en el mismo lugar.

C. Herramientas

Bajo este concepto se agrupan cuatro aplicaciones de *Phyphox* que hacen uso de diferentes sensores internos del teléfono con fines concretos, de especial interés en el trabajo experimental de la Física.

Espectro magnético: Esta aplicación registra datos del magnetómetro y calcula su frecuencia por medio de la Transformada Rápida de Fourier (FFT), para ello se registra la intensidad del campo magnético y se mantiene un historial de los valores. La transformada de Fourier se calcula sobre las N últimas muestras, siendo N un parámetro elegible por el usuario (cuanto mayor sea N mayor será la resolución, si bien se incrementará el volumen del procesado).

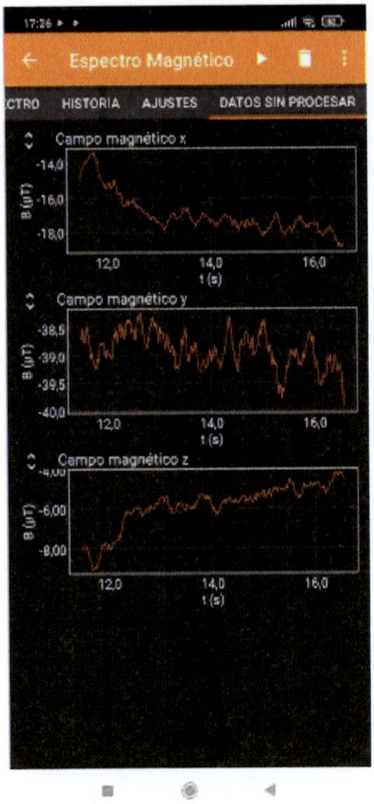

Figura 3.15. Representación de las componentes del campo magnético en función del tiempo.

Por medio del menú DATOS SIN PROCESAR (figura 3.15) que se encuentra en la banda superior de la pantalla inicial, la aplicación muestra los diagramas B(µT) en función del tiempo en los ejes X, Y, Z.

El espectro magnético puede resultar útil en estudios experimentales basados en el seguimiento de las variaciones de un campo magnético como, por ejemplo, la medición de la velocidad angular de una rueda que tiene instalado un imán en su borde, acercando el teléfono a la misma.

Espectro de aceleración: Con formato idéntico a la anterior, esta aplicación muestra el espectro de frecuencia de los datos del acelerómetro, es decir, aceleraciones. Para ello, registra datos de este sensor y calcula su espectro de frecuencia a través de una FFT. La frecuencia máxima detectable depende, obviamente, de la velocidad máxima de adquisición del sensor. También aquí se puede elegir el número de muestras utilizadas bajo los mismos condicionantes que se detallaron en el caso anterior y se puede visualizar la evolución temporal de las tres componentes de la aceleración (Figura 3.15).

Los estudios experimentales que impliquen el seguimiento de las aceleraciones de un objeto, como es el caso del estudio de los movimientos de un oscilador lineal, encuentran en esta aplicación una interesante oferta.

Inclinación: Esta aplicación utiliza el acelerómetro del teléfono para medir la inclinación del mismo. Cuando este descansa sobre una mesa completamente horizontal, la inclinación es cero. Para una inclinación distinta de cero, la dirección de la inclinación se da como una rotación.

Esta aplicación trabaja con la orientación de la aceleración de la gravedad terrestre; la inclinación se calcula como el arco tangente de la componente z y la componente en el plano se calcula como $\sqrt{x^2 + y^2}$. De manera similar, la rotación es el arco tangente de *x* e *y*. Para aumentar la precisión, los datos del acelerómetro se promedian en 500 ms.

Regla magnética: Esta aplicación utiliza los registros del magnetómetro cuando el teléfono pasa por las inmediaciones de imanes idénticos regularmente espaciados a lo largo de un recorrido. Se trata, por tanto, de una herramienta para medir distancias y velocidades, muy útil en el campo de la cinemática.

Phyphox considerará el campo total al cuadrado y eliminará las contribuciones constantes. De esta forma, el paso por las cercanías de un imán se verá reflejado como un pico de intensidad magnética. Para cada pico, *Phyphox* buscará el máximo y lo tomará como el momento de paso por un imán.

D. Mecánica

Se agrupan aquí cinco aplicaciones que utilizan el acelerómetro o el giróscopo o el micrófono para experimentar en fenómenos que involucren fuerzas y energías mecánicas.

Aceleración centrípeta: Por medio de esta aplicación se visualiza la aceleración centrípeta a en función de la velocidad angular ϖ^2. Una vez fijado el teléfono al elemento giratorio, este mide el valor absoluto de la velocidad angular del giróscopo así como la aceleración absoluta del acelerómetro mostrando a un mismo tiempo las gráficas a vs. ϖ y a vs. ϖ^2

Colisión inelástica: Con esta aplicación, el teléfono "escucha" los sonidos de, por ejemplo, una pelota que rebota en el suelo. El tiempo transcurrido entre los sucesivos rebotes se usa para calcular la altura inicial de la pelota, la altura de cada rebote y la energía perdida en cada uno de ellos.

Asumiendo que solo se pierde energía en los rebotes, podemos afirmar que la energía potencial mgh_1 es igual a la energía cinética $\frac{1}{2}m{v_1}^2$ y lo mismo ocurre en los restantes rebotes. Si t_1, t_2, t_3, ... es el tiempo transcurrido entre rebotes sucesivos podemos escribir:

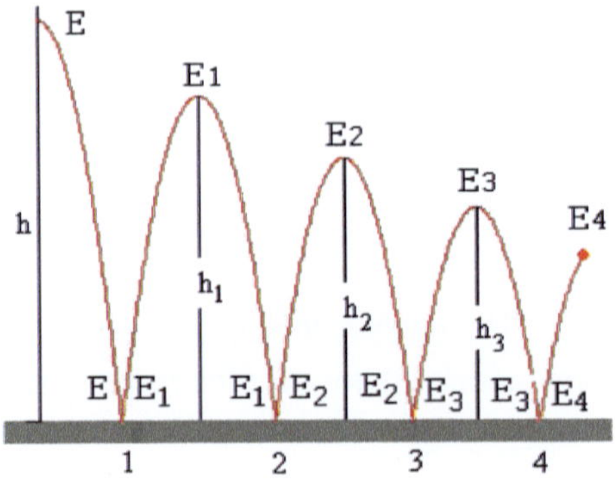

Figura 3.16. En un bote idealmente inelástico solo se pierde energía en los rebotes.

$$mgh_1 = \frac{1}{2}mg\left(\frac{1}{2}t_1\right)^2$$

$$h_1 = \frac{1}{8}{t_1}^2$$

Es decir, la altura de un rebote es la octava parte del cuadrado del tiempo transcurrido entre los dos botes consecutivos, y además podemos afirmar que la altura de los rebotes será proporcional al cuadrado de los tiempos entre los correspondientes botes.

Basándose en estos planteamientos teóricos, la aplicación registra los tiempos entre rebotes consecutivos y a partir de esos tiempos calcula las alturas correspondientes, la altura inicial de la pelota y la porción de energía perdida en cada rebote.

Péndulo: Esta aplicación utiliza el sensor giroscópico para medir el movimiento de un péndulo y calcular su período de oscilación **T**; en este caso la masa pendular es el propio teléfono convenientemente fijado al objeto que oscila (figura 19). Para ello, el usuario ha de ingresar la longitud efectiva **L**[27].

La pantalla de la aplicación tiene seis menús en la banda superior. El menú RESULTADOS arroja directamente los valores medidos de la frecuencia y el período. Si se pulsa el menú G podemos ver en pantalla los valores medidos de la frecuencia, el

27 La distancia que hay entre el punto de suspensión y el centro de gravedad de la masa pendular.

período y la aceleración gravitacional; eso sí, habrá que introducir la longitud efectiva del péndulo.

Pulsando el botón LONGITUD la aplicación supone el valor 9,81 ms^2 para la aceleración gravitacional y nos muestra en pantalla el período, la frecuencia y la longitud efectiva del péndulo. Esto resulta útil para calibrar la aplicación de cara a posteriores experimentos, determinando la longitud efectiva del péndulo cuando sea difícil identificar el punto de suspensión y el centro de gravedad.

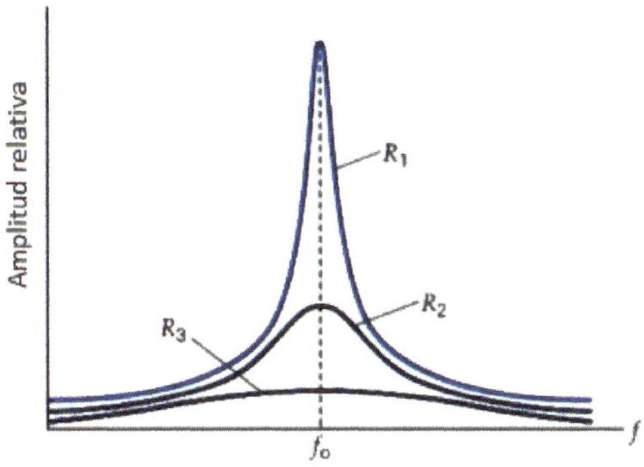

Figura 3.17. Curva de resonancia para un oscilador selectivo (R_1) medio (R_2) y forzado (R_3).

Otra utilidad interesante de esta aplicación es el menú RESONANCIA, el cual permite graficar la amplitud en función de las frecuencias detectadas (Figura 18). Con ella se puede estudiar la resonancia de un oscilador controlado, incluida la curva de resonancia que define si el oscilador es un resonador selectivo o no.

A través del menú AUTOCORRELACIÓN, la aplicación trabaja de igual forma a como se ha visto en aplicaciones anteriores. Se muestran en pantalla los valores del período y la frecuencia obtenidos por el procedimiento estadístico de la autocorrelación que ya conocemos.

Finalmente, el menú DATOS SIN PROCESAR permite acceder a los valores de las componentes x, y, z de la aceleración angular del péndulo a lo largo del tiempo de duración del experimento.

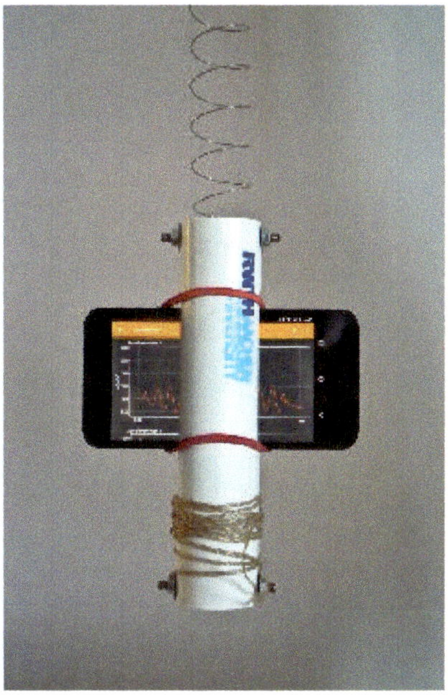

Figura 3.18. Montaje del teléfono como oscilador lineal.

Resorte: Es una aplicación especialmente diseñada para el estudio de los osciladores lineales que trabaja de forma igual a como lo hace la anterior, tomando los datos de la aceleración por medio del acelerómetro del teléfono.

Una vez dispuesto el montaje de la figura 3.18 se pone en marcha el oscilador lineal tirando hacia debajo de la masa pendular y soltándola. Phyphox registrará la aceleración del teléfono durante el experimento y, por el procedimiento de la autocorrelación, determinará la frecuencia y el período.

La aplicación dispone de los menús RESONANCIA, AUTOCORRELACIÓN y DATOS SIN PROCESAR que ya vimos en la anterior aplicación.

Rodar: Esta aplicación está específicamente diseñada para rastrear la velocidad de un cilindro que desciende libremente por un plano inclinado. En esta ocasión, es el propio teléfono el elemento rodante, insertado en el interior de un cilindro liso, según muestra la figura 20. Como cilindro portador del teléfono puede servir un trozo de tubería de desagües, fácilmente conseguible en cualquier establecimiento de fontanería o bricolaje. Hay tubos de PVC de todos los diámetros y nos será fácil hacernos con el más adecuado. La fijación del teléfono al interior del tubo lo haremos rellenando con algún material blando los huecos.

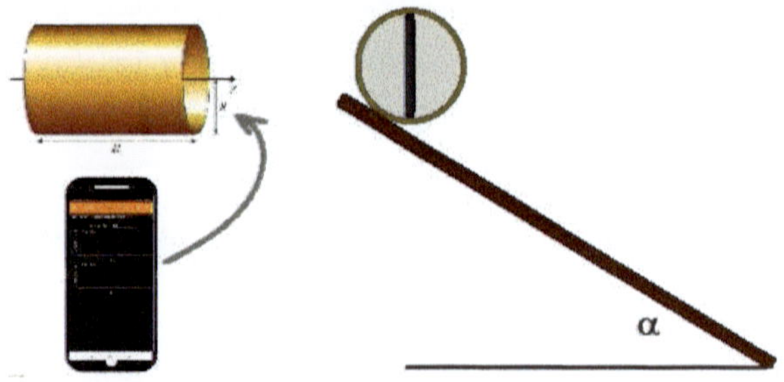

Figura 3.19. Dispositivo experimental para el uso de la aplicación RODAR de Phyphox.

Al caer el dispositivo por el plano inclinado, el giróscopo del teléfono registrará directamente la velocidad angular. El producto de esas medidas por el radio del cilindro dará la velocidad de desplazamiento de este.

En este experimento no podremos acceder directamente al teléfono, por lo que habrá que controlarlo de forma remota[28].

[28] *Phyphox* se puede controlar de forma remota desde cualquier dispositivo que esté en la misma red que el teléfono y tenga navegador web. Más en concreto, el control remoto lo haríamos con un segundo teléfono, tableta u ordenador conectado a la misma *WIFI*. Será preciso activar en nuestro *smartphone* la función **punto de acceso móvil**.

Si se apreciara que la velocidad medida parece oscilar, es debido a que la distribución de carga no es uniforme en el interior del cilindro. Será preciso reajustar la posición del teléfono.

E. Temporizadores

Se agrupan aquí cuatro aplicaciones cuyo cometido común es la medida del tiempo, para ello, Phyphox utiliza diferentes sensores internos combinados con el reloj del teléfono.

Cronómetro acústico: Esta aplicación pone en marcha el contador de tiempo del teléfono cuando el micrófono capta un sonido corto cuya intensidad esté netamente por encima del nivel acústico ambiental y lo detiene cuando capta un segundo sonido. Dado que el sonido se muestrea a 48 KHz, este método es extremadamente preciso, en teoría. Los ruidos que activan y detienen el reloj han de ser cortos, intensos, precisos y bien sincronizados con el evento que se desea medir.

Al arrancar la aplicación aparece una pantalla del menú SIMPLE en la que hay que introducir el umbral que estará por encima del nivel de ruido ambiental y por debajo del ruido de activación. Se ha de establecer también el retraso mínimo para evitar disparadores más cortos que ese tiempo (por ejemplo, debido al eco o a la reverberación). Al pulsar el menú SECUENCIA se nos mostrarán en pantalla los seis primeros intervalos. El menú PARALELO muestra el tiempo acumulativo de los seis primeros intervalos. Finalmente, el menú RÏTMICO representa gráficamente en el eje de abscisa el tiempo de cada uno de los intervalos registrados.

El cronómetro acústico es un procedimiento sencillo e intuitivo de aplicación en los campos de la cinemática y la dinámica. Corre de cuenta del ingenio del usuario la obtención de los sonidos de disparo y detención elaborando un buen diseño de su experimento.

Cronómetro de movimiento: Esta aplicación utiliza el acelerómetro para medir el tiempo transcurrido entre dos eventos de aceleración como, por ejemplo, pequeños golpes. Así pues, tras comenzar el experimento, el reloj comenzará con la primera aceleración (total) y se detendrá con la segunda. La precisión depende de la velocidad del acelerómetro y suele estar entre 5 y 20 ms. Como vemos, esta aplicación es muy similar al cronómetro acústico visto anteriormente, pero es menos preciso.

Las pantallas y menús de esta aplicación son iguales a la anterior. Cuando se arranca esta, se activa por defecto el menú SIMPLE en el que podremos ajustar un umbral de aceleración (ms^{-2}) y un retraso mínimo (s). El umbral ha de estar por encima del nivel de ruido del sensor; si no fuera así el cronómetro se dispararía espontáneamente. Ha de estar por debajo de la aceleración del disparador, solo así garantizaremos que sea la aceleración del evento, y solo ella, la que dispare el cronómetro.

Los cambios de aceleración con los que trabaja esta aplicación tienen una cierta duración y por este motivo es preciso establecer un retraso mínimo. Si este retraso fuera demasiado pequeño podría suceder que el cronómetro se detuviera inmediatamente después de su activación. El tiempo de retraso por defecto es de 0,1 s, pero puede modificarse en la pantalla inicial.

Las restantes pantallas son idénticas a las del cronómetro acústico visto anteriormente.

Cronómetro de proximidad: Esta aplicación se sirve del sensor de proximidad (ver el punto I.8) que habitualmente se encuentra junto a la cámara delantera y el sensor de luminosidad.

Este temporizador se dispara tanto por encima como por debajo de los umbrales que se pueden ajustar en el menú AJUSTES de la pantalla inicial. Si solo se desea disparar a distancias lejanas, deberá ajustarse el valor de "disparar por debajo de" en cero. Si solo se desea disparar a distancias cortas, tendremos que establecer el valor de "disparar por encima de" muy alto[29].

La precisión depende de la velocidad del sensor de proximidad del móvil que no suele superar los 200 ms. Por esta razón son más recomendables el cronómetro acústico y el de movimiento, vistos anteriormente.

De forma análoga a las anteriores, esta aplicación dispone de los menús SECUENCIA, PARALELO, DURACIÖN y DISPAROS que permiten ver las medidas parciales y acumulativas de una serie de impulsos.

Cronómetro óptico: En esta ocasión se usa el sensor de luz ambiental que se encuentra junto a la cámara delantera del móvil (ver el punto I.9). La aplicación mide

29 La mayoría de los sensores solo miden dos distancias, generalmente 0 cm y aproximadamente 5 cm.

el tiempo que media entre dos luminancias o bien entre dos oscuridades. Esto significa que podremos medir el tiempo que media entre dos eventos que bloquean una fuente de luz o viceversa. Esta dualidad da mucho juego en experimentaciones de tipo mecánico en los que el experimento puede basarse en la interrupción de la luz que llega al sensor desde un foco luminoso estable o bien en la aparición de luz en el sensor por iguales motivos.

Como en las aplicaciones anteriores, también aquí es preciso establecer los umbrales inferior y superior de luminosidad (lux). Si solo se desea disparar con iluminación brillante, deberemos ajustar el umbral inferior a cero y si queremos disparar en eventos oscuros, habremos de ajustar el umbral superior en un valor muy alto.

La precisión depende en gran medida del sensor de luz del teléfono. Para los sensores lentos esta puede ser peor que 1 s y para los sensores rápidos, generalmente no se superan las décimas de segundo.

III.11 Herramientas Inteligentes

Este paquete de aplicaciones creado por PC *Mechanic* está básicamente orientado hacia el campo profesional. Muchas de sus utilidades dan los resultados en pantalla en tiempo real, limitándose tan solo a ser medidores directos. Faltan por tanto el registro y graficado de las magnitudes medidas. Por ello, no da las prestaciones que ofrecen *Physic Tool Box* y *Phyphox.* Pese a todo, tiene algunas prestaciones interesantes para los propósitos de experimentación y aprendizaje de las ciencias que se persiguen en este libro.

Hay una versión gratuita que contiene anuncios y otra de pago que ofrece 40 herramientas de aplicación en carpintería, construcción y medida en general. Destacaremos aquí algunas de ellas por su potencial utilidad en la experimentación.

A. Regla

Muestra en pantalla las dimensiones del rectángulo formado por los lados de la pantalla y el punto que señalemos sobre ella.

Nivel: Se trata de un nivel de burbuja bidimensional que muestra en pantalla la horizontalidad del teléfono. El resultado lo da en forma de imagen, como los niveles tradicionales, y en forma de dígitos de los valores de los ángulos que forma el teléfono con respecto del plano horizontal (Figura 3.20-izquierda).

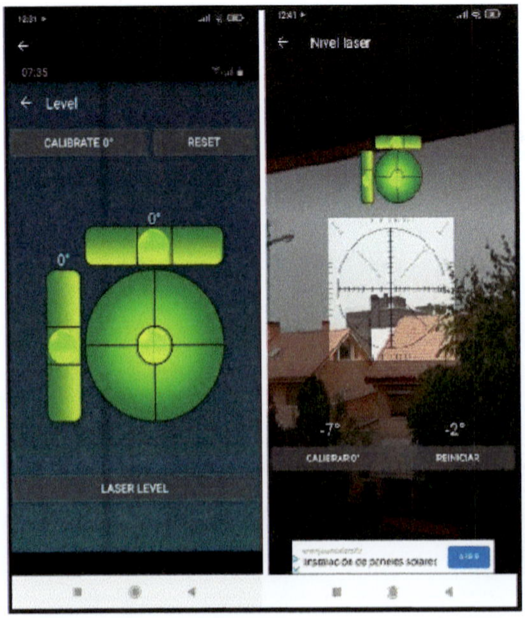

Figura 3.20. Pantallas del *nivel de burbuja* y *nivel*.

Pulsando el botón LASER LEVEL se accede a la pantalla del nivel laser que combina el sensor de aceleraciones con la cámara. En estas condiciones, el teléfono mide su verticalidad por medio de la cuantificación de los ángulos de cabeceo (ángulo anteroposterior respecto de la vertical) y alabeo (ángulo izquierdo-derecho respecto de la vertical).

B. Velocidad

Esta herramienta utiliza los datos tomados en tiempo real por el sensor GPS para calcular la velocidad máxima, media, distancia recorrida y el desnivel del trayecto. Resulta útil en trabajos de cinemática cuando el experimento se hace en el interior de un vehículo.

Luz: Esta herramienta controla el *flash* de la cámara fotográfica. Su único punto de interés está en el estroboscopio que lleva incorporado, eso sí, de prestaciones bastante limitadas.

C. Sonido

La herramienta *Sound* utiliza el micrófono interno o bien un micrófono auxiliar conectado por el Jack de "manos libres" o por *Bluetooth*, para registrar sonidos y mostrar sobre su espectro de frecuencias el nivel acústico (dB) de cada una de ellas (Figura 22). Se puede ajustar el valor máximo de la escala de niveles en un rango de 120 hasta 160 dB. Se puede calibrar en las bandas de frecuencias desde 30 hasta 20000 Hz[30].

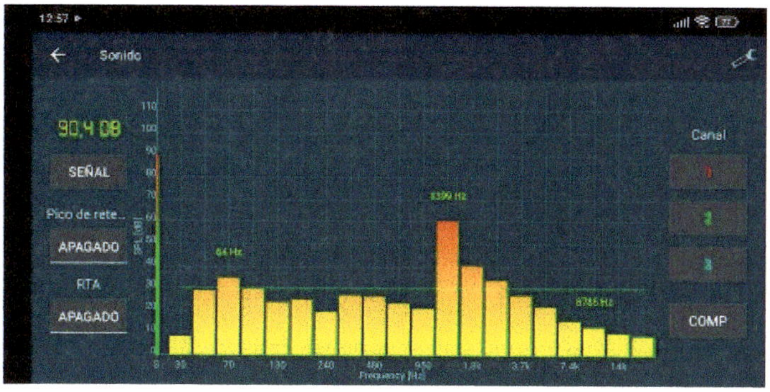

Figura 3.21. Pantalla de la herramienta *Sound.*

También va equipado con un generador de señal de ruido blanco, onda sinusoidal y onda cuadrada (en los casos segundo y tercero puede elegirse la frecuencia).

D. Ubicación

Esta herramienta utiliza el sensor GPS para proporcionar en tiempo real la longitud y la latitud geográfica y la altitud (sobre el nivel del mar).

Figura 3.22. Método trigonométrico de medición de distancias.

Distancia: En esta aplicación es preciso introducir la altura exacta del objetivo de la cámara respecto del suelo, una vez hecho se pulsa el botón ACEPTAR y se activa la cámara, lo que permite ver en pantalla lo que ella "ve" y así podremos dirigir su eje óptico hacia el punto cuya distancia se quiere conocer. En estas condiciones el ángulo del triángulo rectángulo de la figura 3.22 coincide con el ángulo de cabeceo β del teléfono.

Por motivos obvios, la medición de distancias grandes requiere que la altura del teléfono sea también grande si se quiere obtener medidas de precisión aceptable.

30 Esta es una pretensión bastante fantasiosa por parte de los desarrolladores si se tiene en cuenta que por debajo de 100 Hz y por encima 10 000 Hz los micrófonos dan una mala respuesta.

E. Transportador

Esta sencilla herramienta utiliza la cámara para medir ángulos de los contornos de los objetos que aparecen en la pantalla. Con ella se puede medir la inclinación de un plano sin más que enfocarlo con la cámara. Como casi todas las aplicaciones, requiere calibrar la línea vertical previamente para obtener medidas de precisión aceptable.

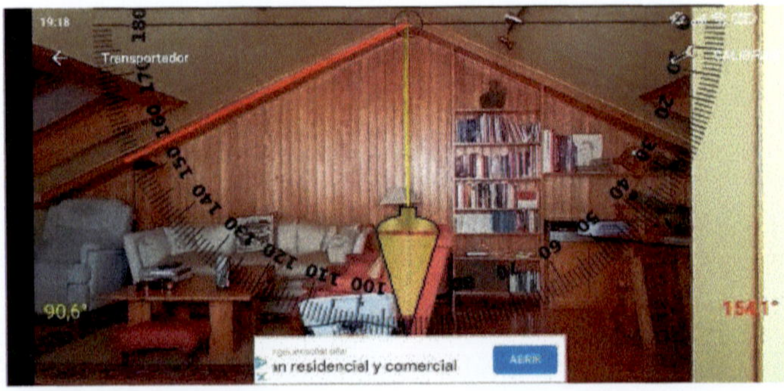

Figura 3.23. Para medir inclinaciones con la cámara se señala con el dedo la línea roja adyacente al plano inclinado. El ángulo se lee en el semicírculo graduado o en la esquina inferior derecha (154-90=64°).

Figura 3.24. Pantalla *Color,* de Herramientas Inteligentes.

Lux: Utiliza en tiempo real los sensores de la cámara del teléfono mostrando en pantalla la intensidad luminosa en unidades *lux*. Tiene el inconveniente de que no se puede calibrar por lo que no es la opción más recomendable si se quiere medidas precisas. Pese a ello, resulta útil en trabajos donde lo importante sean las variaciones de luminosidad y no su valor absoluto.

F. Color

Se trata de una herramienta que usa los sensores de la cámara fotográfica para determinar la composición RGB (rojo, verde, azul) del color de un punto del campo visual seleccionable por medio de la retícula incorporada a la imagen de la pantalla.

G. Acelerómetro

Esta aplicación utiliza el sensor de aceleraciones, mostrando en tiempo real las componentes X, Y, Z de la aceleración a la que se ve sometido el teléfono. Tiene el grave inconveniente de que tan solo muestra las gráficas aceleración-tiempo y no permite guardarlas ni detenerlas. Por este motivo, son más recomendables otras aplicaciones similares.

El paquete *Herramientas Inteligentes* tiene otras muchas utilidades que no mencionamos aquí porque su aplicación en los propósitos de este libro es bastante escasa. Incluso la mayoría de las mencionadas aquí no oferta la posibilidad de registrar, editar y compartir los datos que con ellas se obtienen, lo cual es una importante desventaja respecto de aplicaciones similares.

III.12 *Color Grab*

De similares características que la aplicación *Color* de Herramientas Inteligentes que acabamos de ver, es la aplicación *Color Grab* desarrollada por *Loomatix* (Israel). Al igual que aquella, Color Grab recoge, captura y reconoce colores instantáneamente apuntando con la cámara o bien importando imágenes almacenadas en la memoria del teléfono, tanto descargadas de la web como tomadas por el propio usuario.

Esta aplicación es más completa y eficiente que la anterior; como aquella, da en tiempo real la composición colorimétrica del punto seleccionado a través de la cámara y, además, permite guardar los datos de los análisis. Estos se pueden recuperar y editar o transformar así como compartir por vía telemática.

El uso de esta aplicación brinda dos opciones:

Análisis en tiempo real: Tras arrancar la aplicación, se activa automáticamente la cámara; la pantalla principal muestra en la banda superior el resultado del análisis colorimétrico expresado en notación RGB[31] (a la izquierda) y HSV[32] (a la derecha) para el punto central del campo visual señalado por un pequeño círculo amarillo.

---

31 La Teoría del color postula que todos los colores visibles por el ojo humano pueden ser obtenidos por adición de tres colores considerados primarios: rojo (*Red*), verde (*Green*) y azul (*Blue*) El espacio RGB cuantifica para un color determinado en qué proporción se encuentran los colores primarios en una escala que va desde 0 hasta 255

32 El modelo HSV del color define a este en términos de sus componentes H (*Hue*=Matiz), S (*Saturation*=Saturación) y V (*Value*=Brillo). El parámetro H expresa la tonalidad o matiz, S expresa la abundancia de esa tonalidad en la luz y V expresa el brillo, es decir, la proporción de blanco que hay en ese color.

Análisis sobre un archivo de imagen: El archivo puede proceder del exterior o puede ser una captura fotográfica hecha por el usuario. Para proceder a su análisis se ha de pulsar el botón segundo por la izquierda, que se halla en la banda superior de la pantalla principal. Tras ello se abre un cuadro que nos permite elegir el repositorio (Galería, Fotos o Gestor de archivos) del que queremos rescatar la imagen. Tras recuperar la imagen (Figura 3.25), la fijaremos pulsando en el icono superior derecho (un candado abierto que se cierra tras fijar la imagen) apareciendo una lupa que podremos mover con el dedo.

Figura 3.25. Selección de una muestra en un archivo de imagen con *Color Grab*.

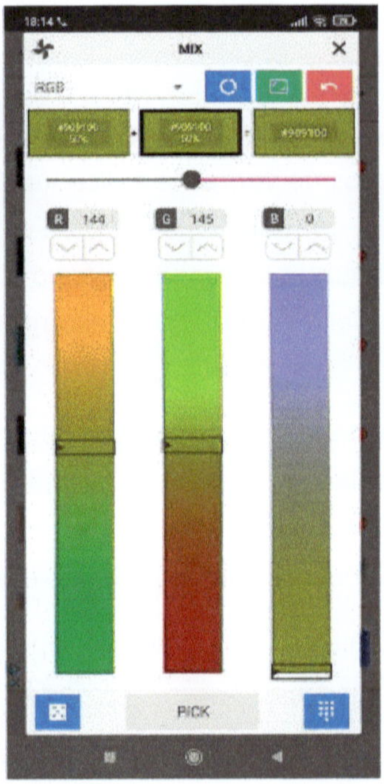

Figura 3.26. Pantalla del mezclador de colores de *Color Grab*.

Sobre la imagen fijada elegiremos con el círculo pequeño de la lupa la zona de la imagen sobre la que queremos analizar el color. La toma de muestra se hace pulsando el icono de cuentagotas pulsante que se halla en la esquina inferior derecha de la pantalla. Posteriormente podremos hacer nuevas selecciones con la lupa y tomaremos las sucesivas muestras con el cuentagotas. Todas las muestras aparecerán en círculos en la banda inferior de la pantalla.

El análisis de todas las muestras aparece en el icono “bote de pinceles” que se encuentra en el lado derecho de la banda inferior. En lo alto de esta nueva pantalla aparecen los iconos de COMPARTIR las muestras, COPIAR en el portapapeles y EDITAR, PALETA y MEZCLAR colores. Cada uno de estos tres últimos comandos lleva a una nueva pantalla que permite sintetizar un color si se conoce sus parámetros (Figura 26). Color Grab trabaja con la inmensa mayoría de las notaciones colorimétricas, entre ellas las más importantes, RGB y HSV/HSB.

III.13 *Sky Map*

Sky Map es la más popular aplicación de reconocimiento del cielo. Desarrollada inicialmente por Google, convierte los dispositivos móviles en pequeños planetarios. Es gratuita, de código abierto, y está disponible para dispositivos Android e iOS. Se basa en la localización del usuario para indicar dónde se encuentran las estrellas, los planetas, las constelaciones y demás elementos del espacio. Utiliza el GPS para determinar la posición geográfica del usuario, el acelerómetro para determinar la altura[33] del astro sobre el horizonte y la brújula para determinar el azimut[34]. No importa que se esté en un sitio cerrado, sea de noche o de día, Sky Map ofrecerá unos datos aproximados de la posición de los objetos celestes que se seleccionen mediante la cámara del *smartphone*.

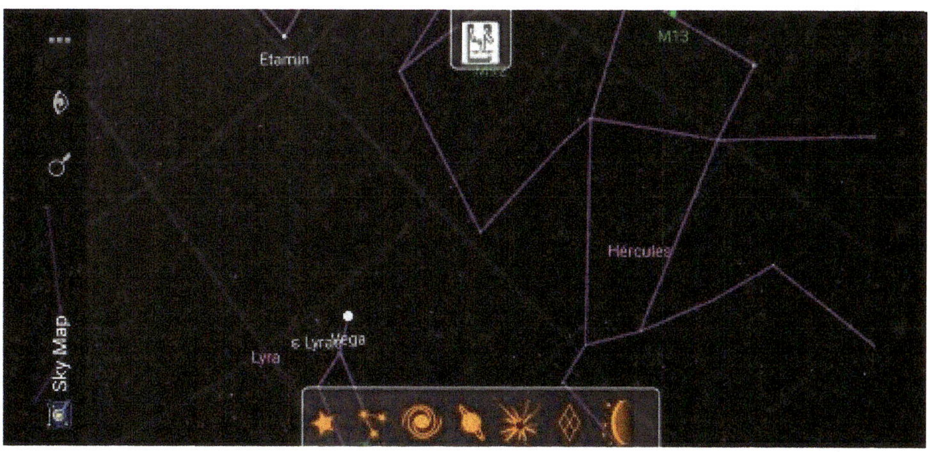

Figura 3.27. Pantalla de Sky Map al apuntar con el móvil hacia la constelación de Hércules.

33 Ángulo que forma la visual al astro con la horizontal del lugar de observación.
34 Ángulo que forma la proyección ortogonal de la visual con el eje norte-sur.

La aplicación trabaja con capas que se pueden adicionar o suprimir mediante los iconos de la parte inferior, de izquierda a derecha son: estrellas, constelaciones, objetos de Messier, planetas, retícula de altura/azimut y horizonte/puntos cardinales.

La lupa que se encuentra en el lado izquierdo de la pantalla (Figura 3.27) es un interesante comando que permite localizar cómodamente los principales cuerpos celestes. Una vez seleccionado el objeto de la lista ofrecida por la aplicación, aparece en la pantalla un círculo con una flecha que ayuda al usuario a encontrar el cuerpo seleccionado.

Otro interesante comando es VIAJE EN EL TIEMPO. Sirve para ver el cielo en un momento distinto al presente. Las selecciones de tiempo se limitan al período 1900-2100 debido a limitaciones en la precisión por causa de la influencia gravitatoria de Júpiter.

También posee una interesante GALERÍA DE IMÁGENES del telescopio espacial Hubble. Pulsando el cuadro que representa a cada uno de los objetos celestes se amplía su imagen a pantalla completa y permite su búsqueda de una forma muy cómoda.

Sky Map ofrece interesantes posibilidades en combinación con otras aplicaciones ya tratadas, como DIOPTRA, para reconocer previamente un determinado objeto celeste y determinar después su posición.

III.14 Lens

De entre todas las aplicaciones de reconocimiento de imagen, LENS de Google es la más popular, sin lugar a dudas. Esta aplicación actúa en combinación con la cámara y es capaz de traducir textos, buscar e identificar productos comerciales, personas, identificar puntos de interés como restaurantes y tiendas, etc. También escanea códigos QR y de barras a una velocidad pasmosa. Pero lo más interesante de esta aplicación, en lo concerniente a nuestros propósitos, es su capacidad para identificar plantas, hongos, animales, minerales, rocas, etc.

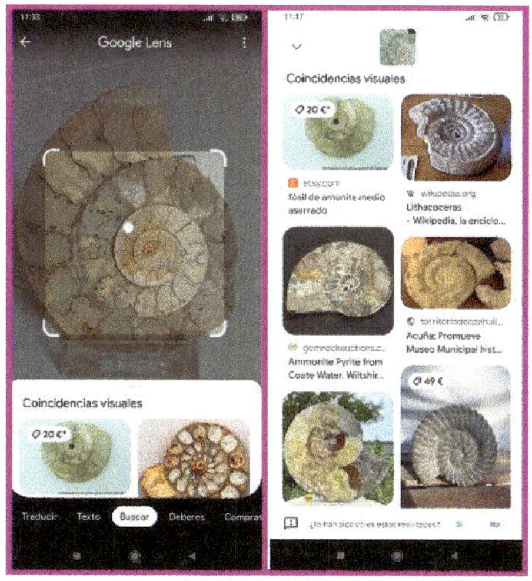

Figuras 3.28 y 3.29. Identificación con LENS de un mineral (izquierda) y un fósil (derecha).

Las aplicaciones de LENS a los trabajos naturalísticos, en los que se trata primordialmente de reconocer e identificar seres vivos o inanimados, son extraordinarias. Tanto a partir de una imagen traída de la web como de una captura fotográfica de un objeto concreto, la aplicación muestra en pantalla todos los resultados de imágenes similares existentes en la red. Muchos de ellos son comerciales y otros proceden de los grandes bancos de información, como es el caso de Wikipedia. A partir de ahí, el usuario puede realizar ya una investigación bibliográfica navegando por la web.

PARTE SEGUNDA

PROYECTOS

La segunda parte de este libro propone trabajos experimentales en diversos campos de las ciencias. Cada área científica o técnica constituye un capítulo; así, el capítulo IV está dedicado a la medida de longitudes y ángulos, siendo de particular interés para estudiantes de Topografía. El capítulo V recoge propuestas de trabajos en el campo de la Astronomía.

El número y variedad de trabajos que el autor ha encontrado en el campo de la Física es muy grande, concentrándose en la mecánica, el electromagnetismo, la acústica y la óptica. En un intento de poner orden, el autor ha recogido en al capítulo VI varias propuestas de trabajos en mecánica y electromagnetismo.

Los teléfonos inteligentes ofrecen grandes posibilidades en acústica gracias a la sofisticación que ha alcanzado el software de audio que incorporan. Por otro lado, las aplicaciones de registro y análisis de sonidos son numerosas y muy elaboradas. Por ello, el autor ha optado por incluir todos los trabajos de audio en el capítulo VII.

Por iguales razones, el capítulo VIII se dedica exclusivamente a los trabajos de óptica, aprovechando las grandes prestaciones de las cámaras fotográficas de los *smartphones.*

Finalmente, se incluye un último capítulo sobre Naturalismo en el que se proponen trabajos relacionados con la identificación y clasificación de minerales, rocas, vegetales y animales, usando para ello las capacidades de los celulares en el reconocimiento de imágenes y su conectividad a Internet.

Obviamente, los títulos de los capítulos se ciñen a las posibilidades de los teléfonos móviles actuales. La ciencia es muy extensa y no cabe pensar, hoy por hoy, que puedan ofrecer prestaciones en todos los campos científicos; eso sí, al paso que va el desarrollo de las aplicaciones móviles, no es aventurado aceptar que, pasada una década, la reedición de este libro requeriría varios capítulos más.

CAPÍTULO IV

MEDIDA DE LONGITUDES Y ÁNGULOS. TOPOGRAFÍA

IV.1 MEDIDA DE LA ALTURA DE UN EDIFICIO (Por un solo operario)

Fundamento teórico

La trigonometría es una poderosa herramienta que nos permite determinar distancias y ángulos inaccesibles. Ofrece por ello un sinfín de posibilidades en geometría, topografía, astronomía, agrimensura, ingeniería, física, etc.

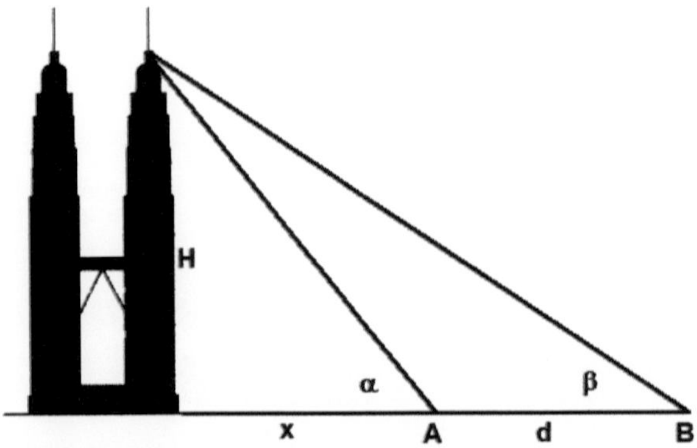

Figura 1. Silueta de las Torres Petronas, de 452 m de altura, situadas en Kuala Lumpur (Malasia). Fueron los edificios más altos del planeta desde 1998 hasta 2003.

La figura 1 muestra la posibilidad de medir la altura de un edificio determinando tan solo los ángulos de las visuales dirigidas a su parte más alta desde dos posiciones en el suelo, conociendo la distancia que media entre ambas posiciones.

En los dos triángulos rectángulos se cumple:

$$\tan \propto = \frac{H}{x} \text{ y } \tan\beta = \frac{H}{x+d}$$

Combinando las dos ecuaciones se llega a la expresión:

$$H = \frac{d}{\cot\beta - \cot\alpha}$$

Que permite calcular la altura del edificio a partir de los valores anteriormente mencionados.

Aplicaciones requeridas: *Transportador*, del paquete Physics Toolbox Suite; esta aplicación utiliza el sensor giroscópico. Aquellos celulares que no dispongan de este sensor pueden utilizar la aplicación *Nivel Láser* de Herramientas Inteligentes. Es igualmente muy recomendable el empleo de la aplicación *Dioptra.* Estas dos últimas aplicaciones combinan la cámara fotográfica con los sensores de inclinación y resultan muy cómodos para este tipo de medidas.

Periféricos

Teodolito casero descrito en el punto II.1

Modo de operar

Para hacer las medidas angulares en las mejores condiciones posibles se debe trabajar en pareja. Mientras una persona alinea el eje del teléfono con la visual dirigida a la parte más alta del edificio, la otra realizará la medida en la pantalla. Para hacer la determinación una sola persona es preciso fijar el teléfono por algún procedimiento (resulta útil en este caso el empleo de un trípode para hacer *selfies*).

Figura 2. Medición del ángulo formado por la visual y la horizontal por medio de un Smartphone.

Las medidas angulares han de hacerse desde posiciones lo suficientemente distantes como para que la diferencia entre los ángulos α y β sea lo mayor posible. Obviamente, se ha de cuidar que los puntos de medición A y B estén en la horizontal y en línea recta con el centro de la base del edificio.

Bibliografía

STRUS, D. & TOMA, C (2014) "Measuring the world around us" en *Smartphones in Science Teaching*. European Platform for Science Teachers. ISBN 978-3-942525-28-5 (PDF). https://www.science-on-stage.eu/smartphones

ODENWALD, S. (2019) *Experimenter's Guide for Smartphones Sensors*. NASA Ed. Consortium.

IV.2 DETERMINACIÓN DE LA DISTANCIA HASTA UN PUNTO INACCESIBLE

Fundamento teórico

El método de la triangulación para medir distancias a puntos no accesibles era ya conocido en el antiguo Egipto, en el segundo milenio antes de Cristo, y está documentalmente probado que los egipcios conocían la relación entre las longitudes de los catetos de un triángulo rectángulo y la pendiente de la hipotenusa. Parece ser que Thales de Mileto, en el s. VI a. C., empleó triángulos semejantes para calcular la altura de las pirámides de Giza midiendo la longitud de sus sombras y comparándolas con su propia sombra. Cinco siglos después Herón de Alejandría determina una distancia entre dos puntos por triangulación utilizando para ello un instrumento que hoy se conoce como el *dioptra de Herón*[35]. Más tarde, ya en plena Edad Media, se introdujo en Al-Ándalus la técnica de la agrimensura (delimitación de terrenos mediante la trigonometría) por medio de los tratados árabes sobre el astrolabio. Siglos después, Tycho Brahe utilizó la triangulación para muchas de sus determinaciones astronómicas.

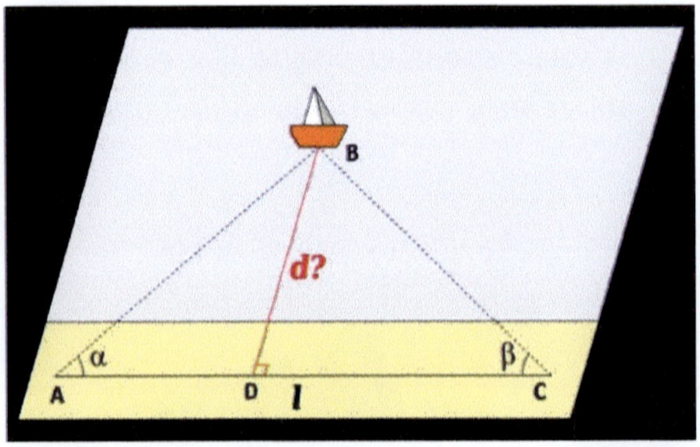

Figura 1. Determinación de la posición de un punto inaccesible por triangulación.

La triangulación ha sido la técnica más utilizada en cartografía durante siglos hasta que las técnicas GPS han irrumpido, con enorme ventaja, en la determinación de posiciones y medición de distancias.

Mediante la triangulación se puede obtener las coordenadas de un punto no accesible B (el barco de la figura 1). Primero, se calcula la distancia (A-C) existente entre dos puntos accesibles de la costa (cuyas coordenadas son A y C). Si medimos la amplitud de los ángulos α y β, mediante la trigonometría, podremos calcular la distancia **d.**

35 Instrumento precursor del actual teodolito.

En efecto, los triángulos ABD y CBD son rectángulos y por tanto

$$AD = {}^{d}/_{tg \propto} = d.cotg \propto$$

$$DC = {}^{d}/_{tg\beta} = d.cotg\beta$$

$$AC = AD + DC = d(cotg\alpha + cotg\beta)$$

Así pues, la distancia del barco a la costa será

$$d = \frac{AC}{cotg\alpha + cotg\beta}$$

En resumen, basta con medir desde dos puntos, situados a distancia conocida, el ángulo que forman las visuales dirigidas entre esos puntos y el objeto inaccesible para conocer la distancia a la que se encuentra ese objeto.

Periféricos y aplicaciones requeridas

Los teléfonos inteligentes disponen de un sensor magnético cuyo fundamento y funcionamiento fueron expuestos en el punto I.3, y existen multitud de aplicaciones del tipo "brújula" o "magnetómetro" que hacen uso de dicho sensor. En nuestro caso, utilizaremos cualquier aplicación del tipo "brújula" con el fin de determinar los ángulos α y β que forman las visuales AB, CB y AC de la figura 1.

Para la medición de los ángulos α y β emplearemos el soporte para medición de ángulos descrito en el punto II.1. En este trabajo, el soporte se encuentra en posición horizontal y el *smartphone*, actuando como brújula, muestra en pantalla el ángulo que forman el eje geográfico NS con la visual dirigida a un punto determinado. Si se quiere medir el ángulo que forman las líneas visuales dirigidas a dos puntos, todo lo que hay que hacer es sumar o restar (según convenga) los ángulos que forman cada una de las dos rectas con el eje NS. En el caso mostrado en la figura 2, el ángulo α será la suma de las dos lecturas dadas por la brújula.

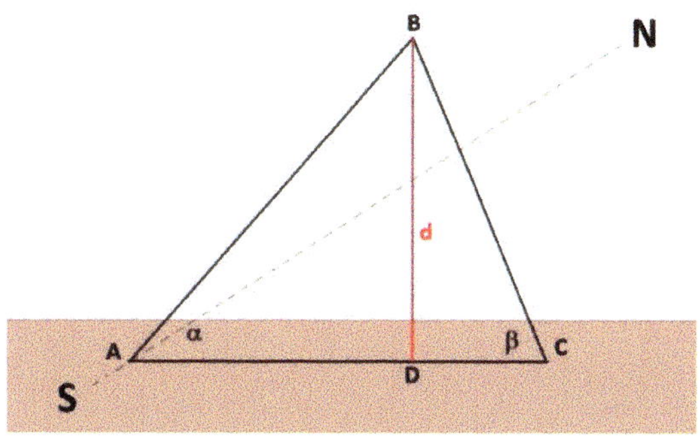

Figura 2. Determinación de ángulos por medio de la brújula.

Existen multitud de aplicaciones para realizar trabajos topográficos en los que se han de medir distancias y ángulos usando el móvil como un teodolito[36], pero aquí proponemos el uso de alguna de las aplicaciones de medición de ángulos citadas en este libro.

Modo de operar

Supongamos que se desea medir la distancia existente desde nuestra posición D (figura 1) hasta un punto geográfico B cuyo acceso nos resulta imposible. Lo primero que hemos de hacer es trazar una visual que sea perpendicular a la visual dirigida al punto B y, sobre ella, elegir los puntos A y C determinando las distancias rectas a ambos. En trabajos de agrimensura donde las distancias son unos centenares de metros, se puede medir las distancias AD y CD en pasos. Si se trata de trabajos topográficos que involucren distancias kilométricas, se puede usar la aplicación Maps de Google u otra similar para determinar las distancias antes aludidas por procedimiento GPS.

A continuación nos situaremos en el punto A y determinaremos el valor del ángulo α que forman las rectas AB y AC. Después nos situaremos en el punto B y determinaremos por igual procedimiento el ángulo β formado por las rectas CB y CA.

Finalmente, la aplicación de la fórmula de arriba nos permitirá calcular la distancia *d*.

Bibliografía

J.H. UNIVERSITY (2019) "Physics Toolbox Suite. Users Guide" PhysicsToolboxUserGuide.pdf (jhu.edu)

36 PINILLA, Y. y RONCANCIO, M. (2020) "Identificación de aplicaciones móviles para el aprendizaje autónomo de la topografía". Univ. De Bogotá. PinillaCaroYenyAlejandra2020.pdf (udistrital.edu.co)

IV.3 MEDIDA DE UNA ALTURA TOPOGRÁFICA (Por dos operarios)

Fundamento teórico

Una alternativa al anterior proyecto, particularmente útil cuando se trata de medir alturas topográficas, como es el caso de una colina o montaña, pasa por la intervención de dos operarios.

Las líneas rectas dirigidas desde los puntos de observación A y B hacia la cúspide C forman con las líneas rectas dirigidas hasta la base D los ángulos α y β, siendo los triángulos ACD y BCD rectos.

Análogamente, en el plano horizontal, el triángulo ADB puede descomponerse en dos triángulos rectángulos; el izquierdo está formado por los catetos d y m y contiene el ángulo γ en tanto que el izquierdo está formado por los catetos d y m y contiene el ángulo δ.

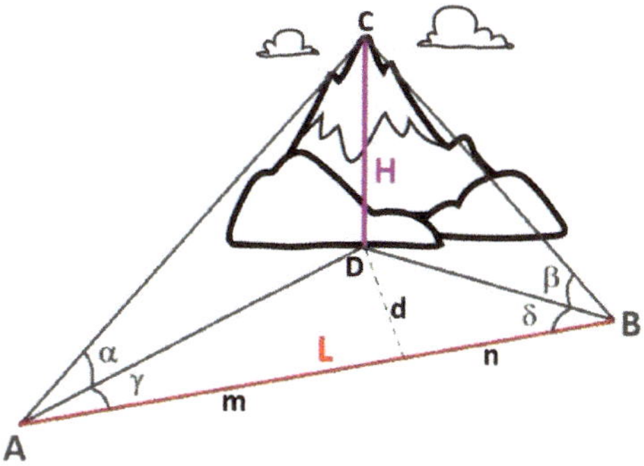

Figura 1. Dos operarios pueden determinar la altura de un accidente conociendo la distancia recta entre ambos (**L**), los ángulos que forman las visuales a la cúspide y el plano horizontal (**α** y **β**) y los ángulos que forman el plano de la visual entre ambos operarios (**γ** y **δ**).

Observando el triángulo horizontal ABD podemos escribir:

$$m=d.cotg\,\gamma \quad y \quad n=d.cotg\,\delta$$

Luego,

$$L=d\,(cotg\,\gamma+cotg\,\delta)$$

Es decir,

$$d=\frac{L}{(\cot\gamma+\cot\delta)} \qquad (1)$$

Observando ahora los triángulos verticales ACD y BCD podemos escribir:

$$AD={}^{H}/_{\tan\alpha} \quad y \quad BD={}^{H}/_{\tan\beta}$$

Volviendo de nuevo nuestra atención a los triángulos horizontales:

$$AD = {}^{d}/_{\sin\gamma} \quad \text{y} \quad BD = {}^{d}/_{\sin\delta}$$

Lo que permite establecer las siguientes igualdades:

$$\frac{H}{\tan\alpha} = \frac{d}{\sin\gamma} \quad \text{y} \quad \frac{H}{\tan\beta} = \frac{d}{\sin\delta}$$

Despejando d en ambas ecuaciones y sumándolas obtenemos:

$$2d = H(\sin\gamma.\cot\alpha + \sin\delta.\cot\beta) \qquad (2)$$

Eliminando d entre las ecuaciones (1) y (2) tenemos:

$$H = \frac{2L}{(\cot\gamma + \cot\delta)(\sin\gamma.\cot\alpha + \sin\delta.\cot\beta)} \qquad (3)$$

Esta ecuación permite calcular la altura de un accidente topográfico (Figura 1) tan solo midiendo los ángulos α, β, γ y δ desde dos puntos situados entre sí a una distancia recta conocida L.

Periféricos y aplicaciones requeridas

Para las determinaciones de los ángulos α, β, γ y δ utilizaremos el teodolito casero descrito en el punto II.1. Los ángulos α y β serán medidos clinométricamente con igual técnica que la usada en el proyecto I.1 y los ángulos horizontales los mediremos magnetométricamente por medio de la brújula, tal y como se hizo en el proyecto I.2.

En cuanto a la distancia recta entre los dos observadores, si es de unas decenas de metros, se puede determinar contando pasos. En usos topográficos, donde esta distancia puede ser de varios kilómetros, lo mejor es usar el GPS. La aplicación Google Maps permite conocer la distancia recta entre dos puntos si se conocen las coordenadas geográficas de ambos.

Modo de operar

El primer paso es elegir los puntos A y B que ocuparán los observadores; es preciso asegurarse de que ambos se encuentran en una cota de altura similar y que por tanto, el triángulo que forman con la base del objeto de la medida es horizontal.

Si la determinación es topográfica y las longitudes son de varios centenares de metros o superiores, lo más práctico es medir la distancia L por medio del GPS.

Para ello, ambos operarios deben compartir su ubicación; de esta manera cada uno de ellos verá la posición de su compañero en la pantalla de su *smartphone* con la aplicación *Maps* de Google u otra similar. Todo lo que hay que hacer es medir la distancia recta entre la propia posición y la del compañero mediante la utilidad "medir distancia"[37].

A continuación mediremos los ángulos α, β, γ y δ haciendo uso del soporte-teodolito y cualquier aplicación clinométrica para medir los dos primeros y la brújula u otra aplicación que mida azimuts por medio del sensor magnetométrico siguiendo los mismos pasos que en el proyecto I.2. Una vez medidos los cuatro ángulos estamos en condiciones de calcular la altura del objeto H.

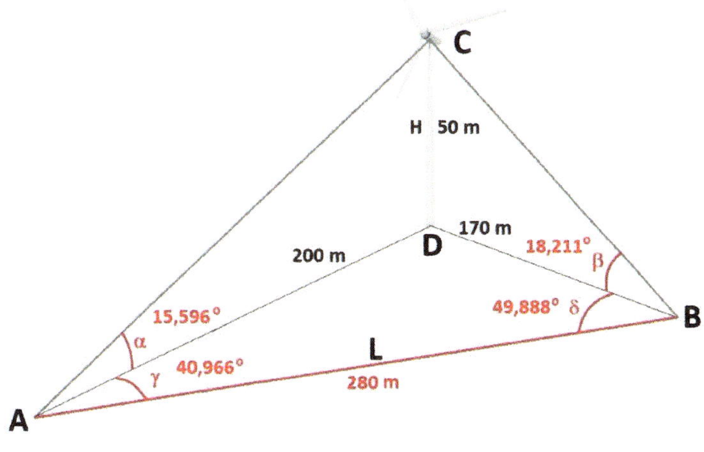

Figura 2. Medida de la altura de un aerogenerador por dos operadores.

Este método ha sido probado en la medida de la altura de un aerogenerador de 50 m de altura desde el suelo hasta el cuerpo del generador (Figura 2). Los operadores se situaron a una distancia de 280,42 m y sus distancias hasta la base del aerogenerador eran 200 y 170 m respectivamente[38]. Los valores de los ángulos fueron

37 Para medir una distancia geodésica con Maps de Google basta poner el dedo sobre la propia ubicación, aparecerá un menú sobre el que elegiremos "medir distancia". Veremos que aparece un círculo negro que rodea nuestra ubicación. Arrastramos el plano con el dedo hasta situar el círculo negro sobre la ubicación de nuestro compañero y tendremos la distancia recta en la esquina inferior izquierda de la pantalla.

38 Estas distancias no son necesarias para la determinación de la altura pero se tomaron en cuenta para la comprobación de la exactitud del método.

los expresados en la figura 2 y los valores de las funciones trigonométricas necesarias para el cálculo de H fueron:

cotg α = 4,000 ; cotg β = 3,399 ; cotg γ = 1,333 ; cotg δ = 1,004 ; sen γ = 0,600 ; sen δ = 0,706

Sustituyendo los valores en la ecuación (3):

$$H = \frac{2\,.\,280}{(1{,}333 + 1{,}004)(0{,}600\,.\;4{,}000 + 0{,}706\,.\,3{,}399)} = 49{,}92\;m$$

Bibliografía

STRUS, D. & TOMA, C. (2014) "Measuring the world around us" en *Smartphones in Science Teaching.* European Platform for Science Teachers. ISBN 978-3-942525-28-5 (PDF). https://www.science-on-stage.eu/smartphones

ODENWALD, S. (2019) *Experimenter's Guide for Smartphones Sensors*. NASA Ed. Consortium.

IV.4 DETERMINACIÓN DEL RADIO TERRESTRE

Las aplicaciones de medición de ángulos permiten determinar la altura sobre el horizonte de los cuerpos celestes. La determinación de la altitud del sol puede hacerse con un *smartphone* operando en la forma indicada en la figura 1.

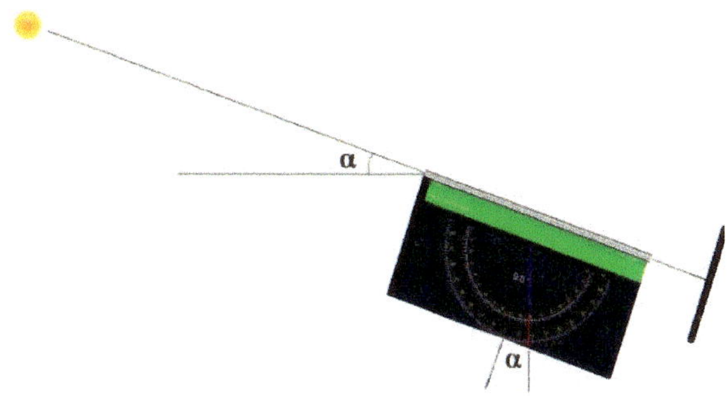

Figura 1. Determinación de la altura solar con un Smartphone.

Fundamentación teórica

Puede determinarse el radio de la Tierra midiendo en el mediodía de una fecha cualquiera la altitud del sol desde dos lugares que se hallen sobre el mismo meridiano, conociendo la distancia geodésica entre ambos. Si los puntos geográficos elegidos no estuvieran en el mismo meridiano, será preciso tener en cuenta el desfase horario entre ambos a fin de hacer las dos determinaciones cuando el sol se halle en el zénit.

Excepto cuando la Tierra se halla en uno de sus dos equinoccios, el plano ecuatorial no coincide con el plano de la eclíptica. Ambos planos forman un ángulo denominado *declinación solar*. Este ángulo es negativo cuando en el hemisferio norte es primavera o verano y su valor es positivo en las estaciones de otoño e invierno. Este hecho se comprende al observar la figura 2 y también se comprende que la latitud geográfica Φ es el ángulo complementario de la suma de la altitud solar máxima α y la declinación solar δ.

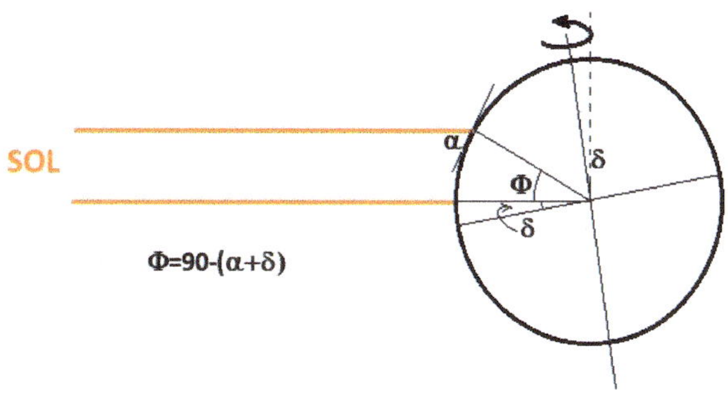

Figura 2. La latitud geográfica de un lugar puede conocerse a partir de la altura solar máxima y la declinación solar.

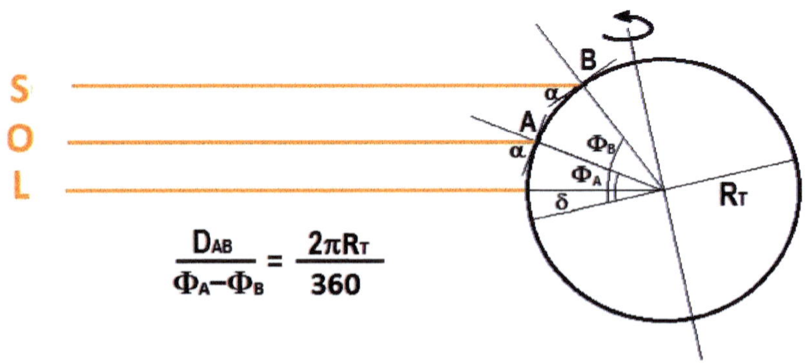

Figura 3. La determinación simultánea de la altura solar máxima en dos puntos de la superficie terrestre permite conocer el radio de la Tierra.

En la figura 3 se aprecia que la diferencia de latitudes Φ_A y Φ_B es el ángulo que abarca el arco AB, cuya longitud se puede conocer por medio de la aplicación Maps u otra similar. Puede establecerse, por tanto, la siguiente proporción:

$$\frac{D_{AB}}{\Phi_A - \Phi_B} = \frac{2\pi R_T}{360}$$

O, lo que es lo mismo:

$$\frac{D_{AB}}{\alpha_A - \alpha_B} = \frac{2\pi R_T}{360}$$

Que permite calcular la longitud del radio terrestre a partir de las altitudes solares máximas, medidas simultáneamente en dos puntos geográficos de un mismo meridiano.

Aplicaciones requeridas: *Transportador*, del paquete Physics Toolbox Suite, esta aplicación utiliza el sensor giroscópico. Aquellos celulares que no dispongan de este sensor pueden utilizar la aplicación *Transportador* de Herramientas Inteligentes o bien la aplicación *Inclinación*, seleccionando la opción "plano inclinado" de Phyphox.

Para la determinación de la distancia meridiana geodésica, es muy útil la aplicación Maps de Google u otra similar. Al arrancar Maps, se activa la localización y la pantalla muestra el plano del lugar en el que nos encontramos, señalando con un punto azul claro el lugar exacto que ocupamos. Basta con poner el dedo en dicho círculo y se activa automáticamente una nueva pantalla cuyo menú oferta "Cómo llegar", "Iniciar" la navegación por GPS y otras opciones como "guardar", "compartir", "etiquetar" y "editar". Más abajo se ofrece la opción "Medir distancia" que es la opción que utilizaremos. Al pulsar el comando, el círculo azul de la ubicación se rodea de un borde negro que indica que la función está activada. Ahora sólo queda arrastrar con el dedo el mapa de manera que el círculo negro llegue a coincidir con la localidad o lugar cuya distancia geodésica a nuestra localización actual queremos conocer. Dicha distancia aparece en la esquina inferior izquierda.

Periféricos

Para realizar este trabajo con garantía de una cierta exactitud, habremos de equipar el *smartphone* con el teodolito casero descrito en el punto II.1

Modo de operar

Este es un trabajo colaborativo que requiere de dos personas, como mínimo, que estén situadas a considerable distancia geográfica, a poder ser, en un mismo meridiano. Tomando, por ejemplo, como referencia Valladolid (41,67º N; -4,53º W), la ciudad escocesa de Glasgow (55,87º N; -4,22º W) se encuentra prácticamente en el mismo meridiano, a una distancia geodésica de 1.580 Km, según la aplicación Maps.

Todo lo que hay que hacer es ponerse de acuerdo para determinar la altura solar zenital desde las dos localizaciones y en la misma fecha. Con los datos α_A, α_B y D_{AB} podremos calcular el radio terrestre. Si las dos localidades estuvieran en longitudes geográficas distintas, sería preciso tener en cuenta el desfase horario. En estas condiciones, D_{AB} es la distancia entre una de las localidades y el paralelo en que se encuentra la otra.

La determinación del radio terrestre puede hacerse también por una sola persona haciendo uso de la idea expuesta en la figura 2, pero será necesario recurrir a una tabla de declinaciones solares[39] para conocer el valor del ángulo δ correspondiente a la fecha en la que se haga la determinación.

Observando la figura 2 se puede establecer la siguiente igualdad:

$$\Phi + \delta = 90 - \alpha$$

[39] Se llama *declinación solar* al ángulo que forman el plano ecuatorial terrestre con el plano de la eclíptica. Este ángulo es nulo cuando la tierra se encuentra en uno de sus dos equinoccios y máximo cuando se encuentra en uno de sus dos solsticios.

Tabla de declinación solar anual en grados, minutos y segundos.

	Enero	Febrero	Marzo	Abril	Mayo	Junio	Julio	Agosto	Septiem	Octubr	Noviem	Diciemb
1	-23 03 09	-17 17 10	-07 50 19	+04 16 57	+14 52 25	+21 57 37	+23 08 56	+18 10 51	+08 31 15	-02 55 32	-14 12 39	-21 41 35
2	-22 58 17	-17 00 09	-07 27 33	+04 40 07	+15 10 36	+22 05 50	+23 04 58	+17 55 49	+08 09 31	-03 18 49	-14 31 54	-21 50 59
3	-22 52 58	-16 42 51	-07 04 40	+05 03 11	+15 28 32	+22 13 39	+23 00 36	+17 40 28	+07 47 40	-03 42 03	-14 50 56	- 21 59 58
4	-22 47 11	-16 25 14	-06 41 41	+05 26 11	+15 46 13	+22 21 05	+22 55 50	+17 24 51	+07 25 41	-04 05 15	-15 09 43	-22 08 32
5	-22 40 57	-16 07 21	-06 18 37	+05 49 04	+16 03 38	+22 28 08	+22 50 39	+17 08 56	+07 03 34	-04 28 24	-15 28 15	-22 16 40
6	-22 34 16	-15 49 11	-05 55 27	+06 11 52	+16 20 48	+22 34 47	+22 45 05	+16 52 45	+06 41 21	-04 51 30	-15 46 32	-22 24 23
7	-22 27 08	-15 30 44	-05 32 13	+06 34 33	+16 37 41	+22 41 02	+22 39 08	+16 36 17	+06 19 01	-05 14 33	-16 04 34	-22 31 39
8	-22 19 34	-15 12 02	-05 08 53	+06 57 08	+16 54 17	+22 46 54	+22 32 46	+16 19 33	+05 56 34	-05 37 31	-16 22 19	-22 38 28
9	-22 11 33	-14 53 04	-04 45 30	+07 19 35	+17 10 37	+22 52 21	+22 26 01	+16 02 34	+05 34 02	-06 00 25	-16 39 48	-22 44 52
10	-22 03 06	-14 33 51	-04 22 03	+07 41 55	+17 26 39	+22 57 25	+22 18 53	+15 45 19	+05 11 24	-06 23 15	-16 56 60	-22 50 48
11	-21 54 14	-14 14 23	-03 58 33	+08 04 08	+17 42 24	+23 02 04	+22 11 22	+15 27 48	+04 48 40	-06 45 59	-17 13 55	-22 56 17
12	-21 44 55	-13 54 42	-03 34 59	+08 26 12	+17 57 51	+23 06 19	+22 03 28	+15 10 03	+04 25 52	-07 08 38	-17 30 32	-23 01 19
13	-21 35 12	-13 34 46	-03 11 23	+08 48 08	+18 13 01	+23 10 09	+21 55 11	+14 52 04	+04 02 59	-07 31 12	-17 46 51	-23 05 54
14	-21 25 03	-13 14 37	-02 47 45	+09 09 56	+18 27 51	+23 13 35	+21 46 32	+14 33 50	+03 40 02	-07 53 39	-18 02 51	-23 10 02
15	-21 14 29	-12 54 14	-02 24 05	+09 31 34	+18 42 24	+23 16 37	+21 37 30	+14 15 22	+03 17 01	-08 15 59	-18 18 32	-23 13 41
16	-21 03 31	-12 33 40	-02 00 23	+09 53 03	+18 56 37	+23 19 14	+21 28 07	+13 56 41	+02 53 57	-08 38 13	-18 33 55	-23 16 53
17	-20 52 09	-12 12 53	-01 36 40	+10 14 22	+19 10 31	+23 21 26	+21 18 21	+13 37 46	+02 30 49	-09 00 19	-18 48 57	-23 19 37
18	-20 40 23	-11 51 54	-01 12 56	+10 35 31	+19 24 06	+23 23 13	+21 08 14	+13 18 39	+02 07 38	-09 22 17	-19 03 39	-23 21 53
19	-20 28 13	-11 30 45	-00 49 13	+10 56 29	+19 37 21	+23 24 36	+20 57 45	+12 59 19	+01 44 25	-09 44 07	-19 18 01	-23 23 40
20	-20 15 41	-11 09 24	-00 25 29	+11 17 17	+19 50 16	+23 25 34	+20 46 55	+12 39 46	+01 21 09	-10 05 48	-19 32 02	-23 24 60
21	-20 02 45	-10 47 53	-00 01 45	+11 37 53	+20 02 50	+23 26 07	+20 35 44	+12 20 02	+00 57 52	-10 27 21	-19 45 41	-23 25 51
22	-19 49 27	-10 26 12	+00 21 57	+11 58 18	+20 15 04	+23 26 15	+20 24 12	+12 00 06	+00 34 33	-10 48 44	-19 58 59	-23 26 14
23	-19 35 47	-10 04 21	+00 45 39	+12 18 31	+20 26 57	+23 25 58	+20 12 20	+11 39 -59	+00 11 13	-11 09 58	-20 11 55	-23 26 09
24	-19 21 45	-09 42 21	+01 09 19	+12 38 31	+20 38 29	+23 25 17	+20 00 08	+11 19 40	-00 12 08	-11 31 01	-20 24 29	-23 25 36
25	-19 07 21	-09 20 13	+01 32 57	+12 58 19	+20 49 39	+23 24 11	+19 47 35	+10 59 11	-00 35 30	-11 51 54	-20 36 40	-23 24 34
26	-18 52 37	-08 57 56	+01 56 32	+13 17 54	+21 00 28	+23 22 40	+19 34 43	+10 38 32	-00 58 51	-12 12 36	-20 48 28	-23 23 04
27	-18 37 32	-08 35 31	+02 20 05	+13 37 16	+21 10 55	+23 20 44	+19 21 32	+10 17 43	-01 22 13	-12 33 06	-20 59 54	-23 21 06
28	-18 22 06	-08 12 58	+02 43 35	+13 56 24	+21 21 01	+23 18 24	+19 08 01	+09 56 44	-01 45 34	-12 53 26	-21 10 55	-23 18 40
29	-18 06 21		+03 07 01	+14 15 19	+21 30 43	+23 15 39	+18 54 11	+09 35 35	-02 08 55	-13 13 33	-21 21 33	-23 15 46
30	-17 50 16		+03 30 24	+14 33 59	+21 40 04	+23 12 30	+18 40 03	+09 14 17	-02 32 14	-13 33 28	-21 31 46	-23 12 24
31	-17 33 52		+03 53 43		+21 49 02		+18 25 36	+08 52 50		-13 53 10		-23 08 34

* El signo + significa que el sol está por encima del ecuador, y el signo – que está por debajo.

Todo lo que hay que hacer es medir la altura del sol al mediodía y, con ayuda del GPS, determinar la distancia geodésica desde nuestra ubicación hasta el ecuador D. De esta forma podremos establecer la siguiente proporción:

$$\frac{D}{\Phi + \delta} = \frac{2\pi R_T}{360}$$

Con la cual podremos calcular R_T, el radio de la Tierra.

Bibliografía

LÓPEZ SANCHO, J. M. (2007) "Medida del radio terrestre por Eratóstenes" *CSIC, Área de Cultura Científica* (Fund. BBVA).

JEANJACQUOT, P. et "Medidas inteligentes del cielo". *Ciencia en Acción: Astronomía, Juegos matemáticos y Tecnología.* Ciencia en Acción (cienciaenaccion.org)

CAPÍTULO V

ASTRONOMÍA

V.1 DETERMINACIÓN DE LAS COOORDENADAS DE UN CUERPO CELESTE

Fundamentos teóricos

Cada punto de la superficie terrestre está definido por las dos coordenadas geográficas, latitud y longitud e igualmente la posición de los cuerpos celestes puede ser también definida por coordenadas. De los cuatro sistemas de referencia usados comúnmente en astronomía, vamos a fijarnos en dos: las *horizontales* y las *ecuatoriales.* Como su propio nombre indica, las coordenadas horizontales toman como centro de referencia el propio individuo, el plano es el horizonte geográfico cuyo centro es el observador y cuyo eje vertical es el radio terrestre que pasa por él. En este sistema de referencia (Figura 1), la visual dirigida a un astro forma un ángulo con el plano horizontal que se llama *altura* y su proyección ortogonal sobre el citado plano determina una línea recta que forma un ángulo con el eje N-S llamado *azimut*. Estos dos ángulos permiten situar cualquier objeto celeste que se halle al alcance de nuestra vista.

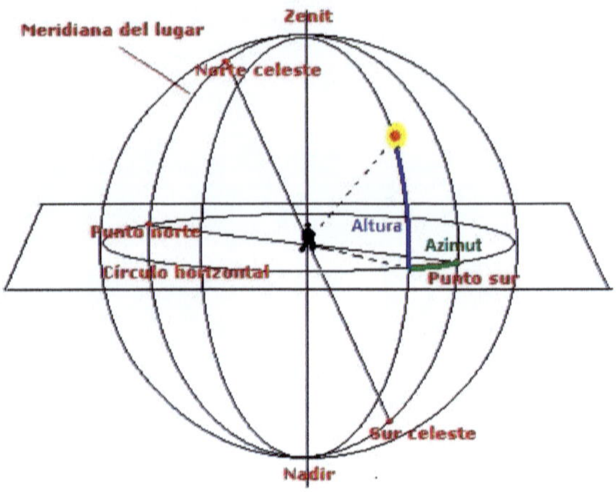

Figura 1. Sistema de coordenadas horizontales: El plano es la superficie terrestre delimitada por el horizonte.

En el sistema de coordenadas ecuatoriales el centro de referencia es el centro de la Tierra, el plano referencial es ahora el ecuatorial que biseca la Tierra en sus dos hemisferios, determinando el círculo ecuatorial.

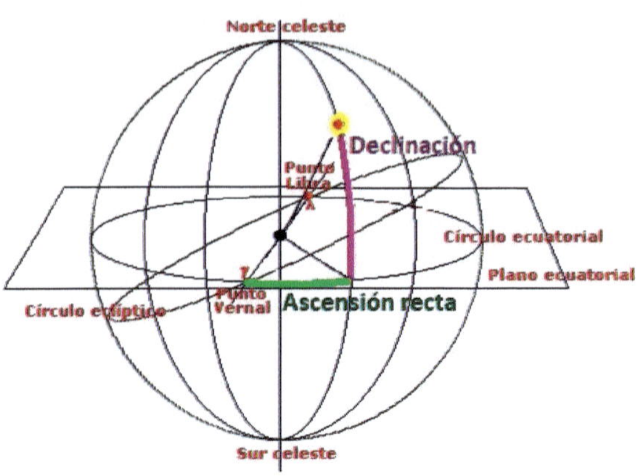

Figura 2. Sistema de coordenadas ecuatoriales.

Es bien sabido que el eje de rotación terrestre forma un ángulo de 23,5° con la perpendicular a la eclíptica y que siempre apunta hacia la Estrella Polar. Esto se traduce en la presencia de dos círculos en la Figura 2, el ecuatorial y el eclíptico,

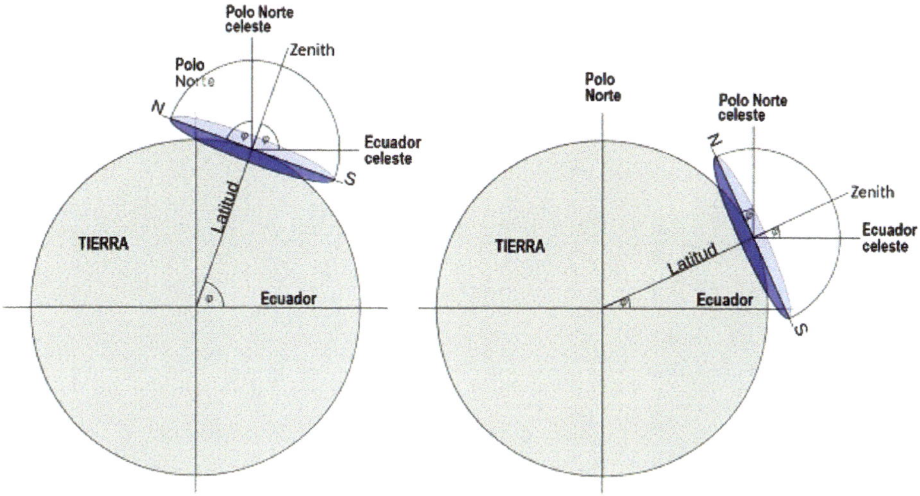

Figura 3. Esquema comparativo de las coordenadas horizontales y ecuatoriales.

que se cortan en dos puntos llamados *libra* y *vernal*. De esta forma, en el sistema ecuatorial la posición de cualquier cuerpo celeste está definida por una coordenada angular llamada *declinación*, que es el ángulo formado por la visual y el plano ecuatorial. La segunda coordenada es el ángulo que forman la proyección de la visual sobre el plano ecuatorial y el eje que, pasando por el centro de la Tierra, une los puntos *libra* y *vernal*.[40]

Las coordenadas horizontales son las más accesibles, ya que que se determinan a partir de la observación directa, pero su inconveniente es que su valor depende de la posición geográfica del observador, según se aprecia en la figura 3. Si se quiere convertir las coordenadas horizontales en ecuatoriales es preciso especificar la posición geográfica (latitud y longitud) y la hora en que se determinaron.

40 Cuando en su periplo en torno al Sol la Tierra se encuentra en uno de sus dos equinoccios, el 21 de marzo o el 21 de septiembre, la línea que pasa por los puntos libra y vernal pasa también por el Sol.

Aplicaciones

Para la realización de este trabajo resulta muy útil la aplicación *Clinómetro,* del paquete Physics Toolbox Suite. Esta aplicación utiliza el sensor giroscópico para precisar el ángulo que forma el eje de simetría largo del teléfono con el eje N-S geográfico (azimut), el ángulo que forma el lado largo del teléfono con el plano horizontal (cabeceo) y el ángulo que forma el lado corto del teléfono con el plano horizontal (alabeo). Para nuestros propósitos, los parámetros que nos interesan son los dos primeros: cabeceo y azimut.

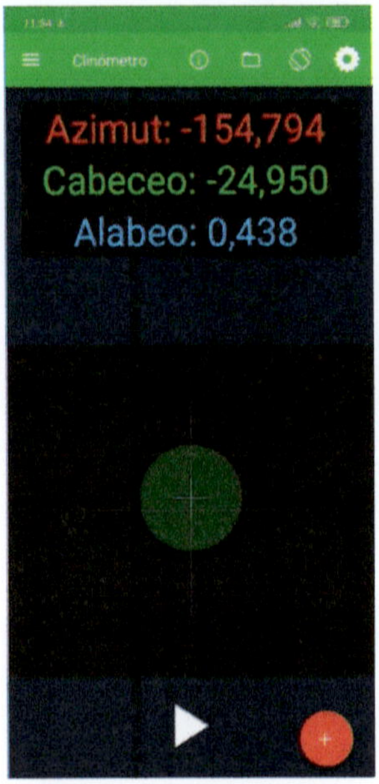

Figura 4. Pantalla del *Clinómetro* (Physics Toolbox Suite).

El *Clinómetro* de Physics Toolbox Suite utiliza los datos del medidor de fuerza gravitacional mientras el dispositivo móvil permanece en reposo. Cuando el Smartphone se mantiene paralelo al plano X, Y o Z toda la fuerza gravitacional se detecta en una sola dirección. Cuando el teléfono se inclina fuera del plano, en cualquier dirección, la fuerza gravitacional aparece expresada con sus componentes en cada uno de los planos. Estas componentes se calculan por procedimiento trigonométrico estandar para mostrar en pantalla el ángulo en el que se sostiene el dispositivo móvil.

Modo de operar

Para llevar a cabo este trabajo, se requiere equipar a nuestro móvil con el teodolito casero cuya construcción y características ya se detallaron en el punto II.1. una vez elegido el astro sobre el que trabajaremos, tomaremos nota de las coordenadas de nuestra posición geográfica, datos que obtendremos por medio de cualquier aplicación instalada en nuestro móvil que trabaje con la ubicación GPS[41]. También se ha de anotar la hora en que hagamos las medidas.

Interesa colocar el dispositivo sobre una superficie sólida, a poder ser a la altura de nuestra cara, para poder establecer cómodamente la visual con el astro. Una vez

[41] La más popular es *Maps* de Google.

localizado a través del tubo de visuales, leeremos en la pantalla el valor del cabeceo, lo que nos permite conocer la altura del astro sobre el horizonte del lugar.

A continuación, sin mover la orientación de nuestro dispositivo, dejaremos caer hasta la horizontal nuestro teléfono. De esta manera, el eje de simetría largo coincide con la proyección ortogonal de la visual en el plano horizontal. En este momento nos interesa la lectura del azimut, que no es otra que el ángulo que forma dicha proyección con el eje N-S geográfico.

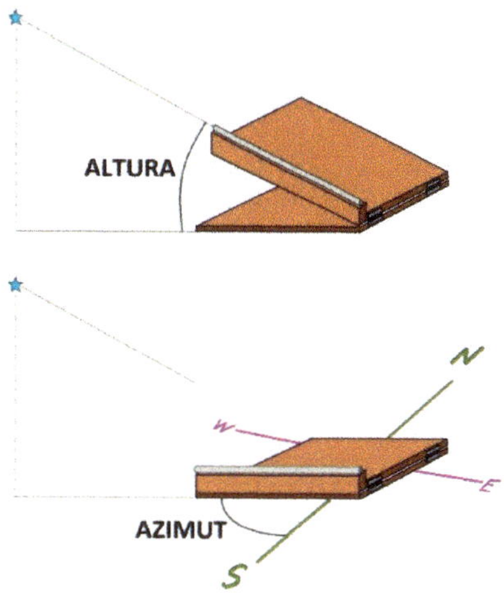

Figura 5. Teodolito casero para Smartphone.

De esta manera tan sencilla obtendremos las coordenadas horizontales del cuerpo celeste elegido.

Si se trata de hacer estas determinaciones para el Sol, hemos de utilizar la pantalla y nunca mirarlo directamente so pena de sufrir graves lesiones oculares.

Bibliografía

LANCIANO, N. y NÉSTOR, C. (2008) "Del ángulo en la geometría a los ángulos en el cielo: Dificultades para la conceptualización de las coordenadas astronómicas acimut y altura" *Enseñanza de las Ciencias* 26(1), 77-92.

ROS, R.M. "El maletín del joven astrónomo" *Nase Publ.* International Astronomical Union. U.P.Barcelona; https://docplayer.es/11123962-Maletin-del-joven-astronomo.html

V.2 DISTANCIA DE LOS PLANETAS AL SOL

Las posibilidades que ofrecen los *smartphones* para medir ángulos permiten realizar el fascinante trabajo de medir la distancia a la que se encuentran los diversos planetas del sol. El procedimiento geométrico que utilizaremos se debe a Nicolás Copérnico (1473-1543).

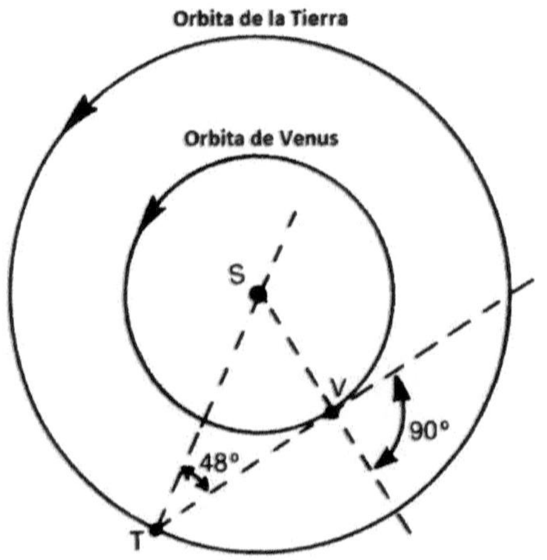

Figura 1. Esquema del procedimiento geométrico de Copérnico para determinar distancias con los planetas interiores.

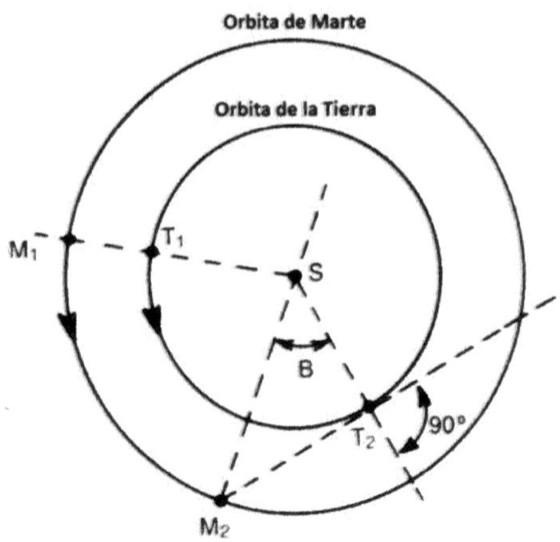

Figura 2. Esquema del procedimiento de Copérnico para planetas exteriores.

Fundamento teórico

Sea el caso de Venus. Es sabido que, visto con anteojo o telescopio, Venus se muestra en fases similares a las de la Luna. Cuando al alba o al atardecer alcanza su máxima declinación sobre el horizonte, el planeta se encuentra en cuadratura con el Sol y la Tierra, como se muestra en la figura 1. En esas condiciones es fácil medir el ángulo que forman las visuales TS y TV, que es de 48°. Desde que Hiparco determinara por primera vez la distancia de la Tierra al Sol, esa medida se había consolidado y mejorado. Así pues, no le resultó difícil a Copérnico hallar la distancia de Venus al Sol mediante un simple cálculo trigonométrico:

$$SV = TS.sen48°$$

Es decir, si el radio de la órbita terrestre es una *Unidad Astronómica*, Venus dista 0,74 UA del Sol, y por igual procedimiento, Mercurio, cuya declinación máxima es 28°, dista 0,47 UA del astro rey.

El procedimiento geométrico para los planetas exteriores es algo más complicado y se expresa en la figura 2 para el caso de Marte. Es preciso iniciar la determinación en un momento en que Marte, la Tierra y el Sol estén en conjunción, es decir, en una misma línea recta[42], en nuestro esquema, posiciones M_1, T_1 y S. A partir de ese momento se ha de esperar a que la visual dirigida al Sol forme un ángulo recto con la visual dirigida a Marte[43], en nuestro esquema, posiciones M_2, T_2 y S. En esas condiciones, el ángulo ST_2M_2 es recto. En el tiempo transcurrido desde que las posiciones de los dos planetas T_1 y M_1 pasan a ser T_2 y M_2 hay un tiempo en días terrestres *t*, perfectamente cognoscible.

A continuación, procede determinar los ángulos T_1ST_2 y M_1SM_2 que han descrito ambos planetas en el tiempo *t*. Puesto que Marte está más alejado del Sol que la Tierra, el año marciano es mayor[44] y por tanto, el ángulo barrido por Marte en el tiempo *t* es menor que el ángulo barrido en ese tiempo por la Tierra. Más en concreto, los ángulos barridos por ambos planetas en el tiempo *t* pueden conocerse mediante la expresión:

$$\frac{t}{período\ de\ traslación} = \frac{ángulo\ barrido}{360^0}$$

Puesto que $B=T_1ST_2-M_1SM_2$ (ver la figura 2), Copérnico pudo determinar el valor del ángulo B, que resultó ser de 49°, y puesto que el triángulo M_2ST_2 es recto,

$$SM_2 = \frac{ST_2}{\cos B} = \frac{ST_2}{\cos 49} = 1{,}5\, ST_2$$

Es decir, Marte se encuentra a 1,5 unidades astronómicas del Sol.

Por supuesto, este método es válido para Júpiter y el resto de los planetas exteriores.

Como podemos ver, la realización de este trabajo comporta la medición de la separación angular entre el sol y el planeta. Si se trata de un planeta interior (Venus o Mercurio), es preciso determinar la máxima separación angular respecto del sol, que se da cuando el planeta se encuentra en fase de cuarto creciente o cuarto menguante. Si se trata de un planeta exterior (Marte, Júpiter, Saturno...) será preciso determinar en qué fecha se encuentra en fase llena y alcanza su máxima declinación en la

---

42 En estas condiciones, Marte alcanza su máxima declinación en la medianoche.

43 En esas condiciones, Marte alcanza su máxima declinación en el crepúsculo o en el alba.

44 El año marciano consta de 687 días terrestres.

medianoche (momento en el que el planeta, la Tierra y el Sol están alineados) y contar los días que transcurren hasta que alcanza su máxima declinación al alba o en el crepúsculo. Ese tiempo servirá para conocer el valor del ángulo B de la figura 2.

El Smartphone permite determinar con aceptable exactitud las coordenadas horizontales, altura y azimut. Los detalles sobre esta determinación se encuentran en el anterior punto "Coordenadas celestes". La determinación simultánea de las coordenadas horizontales del sol y del planeta elegido permite calcular el ángulo de separación Ø entre ambos, mediante la expresión

$$\emptyset = arccos[\sin\delta_1 \sin\delta_2 + \cos\delta_1 \cos\delta_2 \cos(\alpha_1 - \alpha_2)]$$

Donde δ y $\propto$ son la altura y el azimut, respectivamente, de los dos cuerpos celestes.

Bibliografía

ASÍN MARTÍN, F. (1991) *Astronomía*, Madrid, Ed. Paraninfo.

FERREIRA, M. y DE ALMEIDA, G. (1993) *Introduçao à astronomía e às observaçoes astronómicas,* Lisboa, Plátano Ed. Técnicas.

MERINO, J. M. (2021) *Logos y Cosmos.* Univ. Valladolid.

V.3 LOCALIZACIÓN DE CUERPOS CELESTES. ASTROFOTOGRAFÍA

Fundamento teórico

La localización de los cuerpos celestes visibles a simple vista no fue un problema para nuestros tatarabuelos, familiarizados con la contemplación del cielo nocturno. Con el advenimiento de la luz eléctrica vino la contaminación lumínica que afecta a la mayoría de las urbes, especialmente las españolas. En este escenario, el urbanita apenas tiene la posibilidad de contemplar cualquier astro que no sea la luna, júpiter y poco más pero, como contrapunto a esta adversidad, se dispone actualmente de medios por cuyo uso Galileo, Tycho Brahe o Kepler hubieran "dado su mano derecha".

Figura 1. El grado de exposición de una fotografía es el resultante de la combinación de la *sensibilidad* del receptor, de la *apertura* del diafragma y de la *velocidad de obturación*.

Además de las tablas de posiciones, en internet podemos encontrar numerosos sitios en los que podemos informarnos sobre la posición en tiempo real de cualquier astro. Una vez que disponemos de las coordenadas de un astro, podemos localizarlo con ayuda de nuestro Smartphone en la forma descrita en el proyecto V.1.

Otra alternativa para la localización de astros es el uso de alguna de las numerosas aplicaciones para móviles, entre las que destacamos *Sky Map* y *Stellarium*, ambas de Google. La primera fue descrita en el apartado III.13.

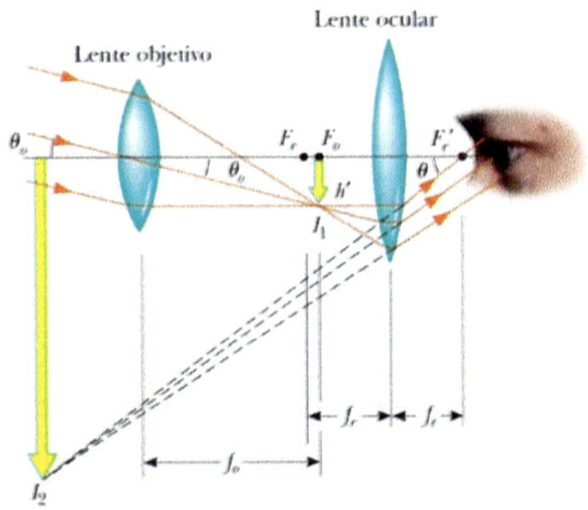

Figura 2. Marcha de los rayos luminosos a través de las lentes de un anteojo. La imagen amplificada que proporcionan está invertida.

A) Instrumentos de observación astronómica

Es preciso distinguir entre anteojos y telescopios. En los primeros la luz llega hasta el ojo del observador por transmisión a través de las lentes; son, por tanto, instrumentos refractores. En los segundos, la luz se refleja en un espejo parabólico antes de llegar al ojo del observador, son por tanto instrumentos reflectores.

Unos y otros dan una imagen amplificada e invertida del objeto observado, por lo que es preciso adiestrarse en el uso de los mismos.

En el anteojo (figura 2), los rayos procedentes del objeto muy lejano llegan casi paralelos al eje óptico del instrumento (en la figura 2 se ha exagerado la divergencia entre los rayos y el eje) y tras refractarse en el objetivo llegan a ocular donde se vuelven a refractar originando la imagen ampliada e invertida.

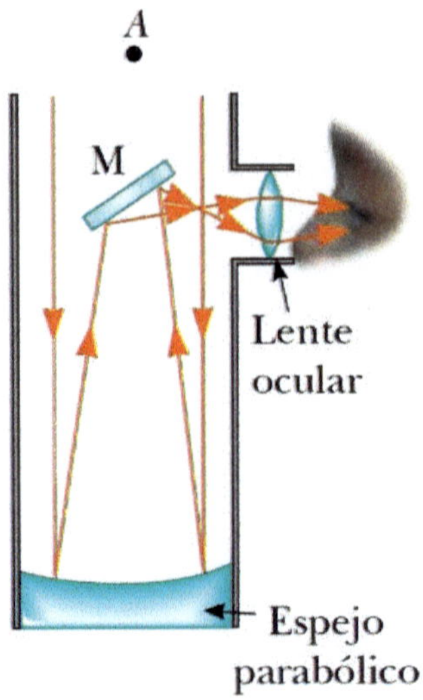

Figura 3. Marcha de los rayos luminosos en un telescopio.

En los telescopios, la luz procedente de los astros llega paralela al eje óptico, reflejándose en el espejo del fondo del instrumento. Esos rayos se cruzarían en el punto A pero la presencia del espejo plano M desvía estos 90º llegando al ocular del instrumento donde, al refractarse, proporcionan la imagen amplificada e invertida.

Aparte de estos instrumentos, hemos de citar los anteojos terrestres, mono o binoculares, que proporcionan imágenes aumentadas y derechas gracias a un sistema óptico inversor. Existen también en el mercado teleobjetivos adaptables a los smartphones con los que se puede obtener imágenes bastante aceptables del cielo nocturno.

B) Fotografía astronómica

A la hora de fotografiar astros hemos de tener en cuenta la escasez de luz como situación habitual en astrofotografía. La *exposición* de una fotografía es un concepto que se refiere al grado de excitación luminosa recibida por el mosaico de sensores (en las cámaras digitales) o por la película fotosensible (en las cámaras analógicas). Este grado de excitación depende de tres factores: la apertura del diafragma y la velocidad de obturación, responsables ambas de la cantidad de luz que entra, y de la sensibilidad del receptor.

Toda cámara va equipada con un diafragma o pupila que amplía o reduce la sección de paso de la luz a través del objetivo. Si, abriendo por completo el diafragma, quisiéramos reducir la exposición *paso* a *paso*[45], tendríamos que dividir sucesivamente por 2 el área del círculo diafragmático, es decir, tendríamos que dividir su diámetro por $\sqrt{2}$, ya que el área del círculo es proporcional al cuadrado de su diámetro. Obtendríamos así una sucesión llamada *escala standard de números f* formada por aproximaciones de los términos de la progresión geométrica de las potencias de $\sqrt{2^n}$ donde n=0, 1, 2, 3, ...

f	1	1,4	2	2,8	4	5,6	8	11	16	22	32	45

Los números ***f*** son por tanto las cifras por las que hay que dividir el diámetro del diafragma completamente abierto para reducir la exposición a la mitad, a la mitad de la mitad, etc.

El segundo factor que condiciona la cantidad de luz recibida por el receptor es la *velocidad de obturación*. Incluso las cámaras de los móviles más humildes ofrecen velocidades de obturación desde valores inferiores a 1/1000 hasta valores superiores a 10 s. Esto es posible gracias a la elevada sensibilidad de sus receptores.

El tercer factor que determina la exposición es la sensibilidad*,* que se cuantifica mediante la escala ISO[46]. La mayoría de las cámaras de los *smartphones* poseen

[45] En fotografía se llama *paso* a la diferencia de exposición doble o mitad.
[46] Escala convencional de sensibilidad, heredada de la fotografía analógica y adaptada a la fotografía digital.

sensibilidades que van desde 100 hasta 3 200. Cuanto mayor sea el número ISO, mayor será la sensibilidad.

Pudiera pensarse que lo mejor es usar siempre una sensibilidad alta, pero no es así, ya que la magnitud *sensibilidad* va acompañada de un efecto indeseable denominado *ruido*. El *ruido digital* es la variación aleatoria (que no se corresponde con la realidad) del brillo o el color en las imágenes digitales producido por el dispositivo de entrada (la cámara digital en este caso). Este efecto se manifiesta por la aparición de un granulado que afecta negativamente a la definición de la imagen. En consecuencia, si se quiere una fotografía correctamente expuesta en la que la definición sea máxima, hemos de reducir en lo posible la sensibilidad ampliando el tiempo de obturación y abriendo lo más posible el diafragma.

A la hora de tomar decisiones en astrofotografía, no debemos olvidar que la cantidad de luz siempre será escasa y habremos de jugar con la sensibilidad, la apertura del diafragma y la velocidad de obturación. Estos tres factores se relacionan matemáticamente según la expresión empírica:

$$Exposición = \frac{Sensibilidad\ (ISO). Tiempo\ de\ exposición\ (s)}{número\ f^2}$$

Así, por ejemplo, si se elige una sensibilidad ISO=400, se abre el diafragma a *f*/2 y se obtura con un tiempo de 1/100 s la exposición valdrá:

$$Exposición = \frac{400.0,01}{2^2} = 1$$

Esa exposición también podríamos lograrla con una menor sensibilidad ISO=100, abriendo el diafragma a valor *f*/1,4 y obturando con velocidad 1/50 s ya que.

$$Exposición = \frac{100.0,02}{1,4^2} = 1,02$$

En la práctica de la astrofotografía es preciso lograr la máxima definición en un contexto luminoso mínimo y ello condiciona fuertemente la elección de cada uno de los tres parámetros que determinan una buena exposición.

Resulta muy útil el diagrama representado en la figura 4; con él puede estimarse cómodamente qué apertura de diafragma y qué velocidad de obturación emplearemos para exponer correctamente una vista del cielo nocturno, tras haber decidido la sensibilidad de la cámara.

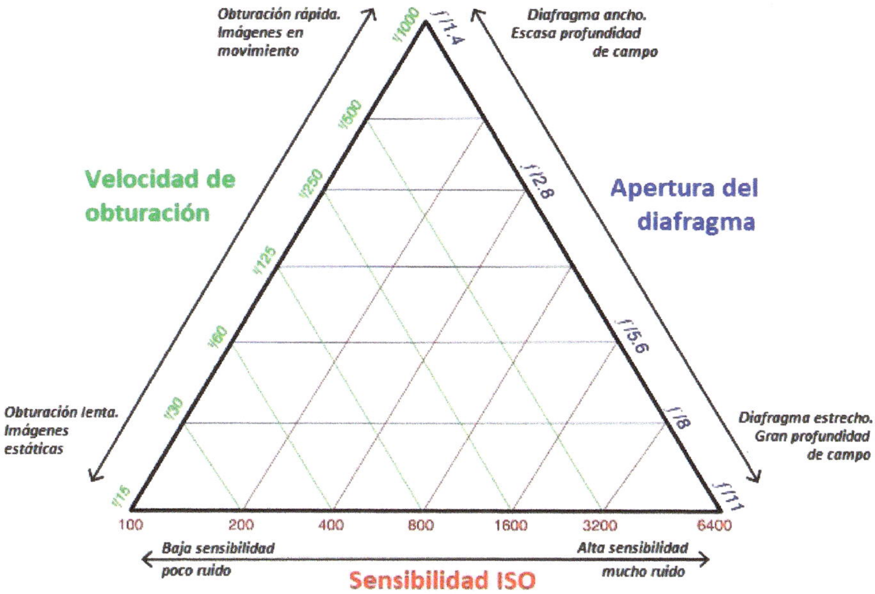

Figura 4. Diagrama triangular para la correcta combinación de los tres factores de los que depende la exposición.

Periféricos y aplicaciones

En astrofotografía es muy importante la estabilidad de la cámara, para lo cual se ha de utilizar un trípode como el de la Figura 6 del Proyecto VIII.4 si la fotografía se va a hacer directamente con el teléfono. Ahora bien, lo más habitual es hacer uso de un instrumento óptico, ya sea un binocular o un anteojo o un telescopio. En estos casos es necesario disponer de un adaptador a ocular para nuestro teléfono como los descritos en la figura 12 del punto II.9. Una vez fijado el Smartphone al instrumento óptico, será este último el que asegure la estabilidad del conjunto.

Figura 5. El Smartphone como buscador astronómico adaptado a un telescopio.

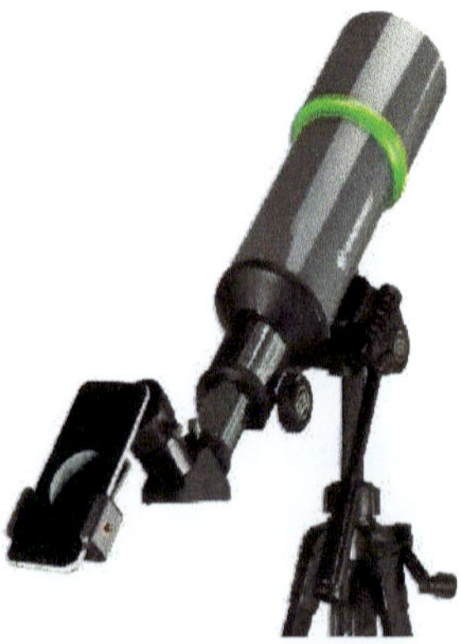

Figura 6. Astrofotografía con anteojo.

En cuanto a las aplicaciones necesarias, resultan muy útiles *Sky Map* y *Stellarium* o bien alguna otra similar. Todas ellas convierten a nuestro móvil en un pequeño y eficiente planetario con el que podremos localizar con facilidad cualquier astro.

Modo de operar

Para la práctica de la astrofotografía es esencial que nos olvidemos del cómodo automatismo y que activemos la opción PRO de la cámara, lo que nos permitirá controlar manualmente los tres parámetros básicos: sensibilidad, diafragma y velocidad de obturación.

Insistimos de nuevo en que las fotografías del cielo nocturno se hacen con luz muy escasa. En estas condiciones los mecanismos automáticos que controlan los tres parámetros que determinan la exposición, son ineficientes y no queda otro remedio que controlarlos manualmente.

Empezaremos, pues, seleccionando una sensibilidad en el entorno de 800 ISO. Afortunadamente, los sensores digitales modernos generan poco ruido a esos valores, cosa que no sucede si nos vamos a sensibilidades por encima de 2000 ISO. Por otro lado, hemos de abrir al máximo el diafragma con objeto de que la cantidad de luz sea lo mayor posible. En estas condiciones la profundidad de campo es mínima, pero no constituye un problema en astrofotografía ya que los objetos se hallan en el infinito. Finalmente, tendremos que seleccionar una velocidad de obturación de entre 5 y 15 segundos. Si pusiéramos más tiempo de exposición, la imagen obtenida acusaría el efecto de rotación terrestre que convertiría la imagen del astro en una traza más larga cuanto mayor fuera el tiempo de exposición[47].

Bibliografía

ODENWALD, S. (2019) *A Guide to Smartphone Astrophotography*. NASA Space Science Education Consortium. Maryland. USA. https://spacemath.gsfc.nasa.gov/SMBooks/AstrophotographyV1.pdf

PÉREZ, M. "Modo manual en fotografía" https://www.blogdelfotografo.com/fotografias-modo-manual/

47 Si el anteojo o telescopio estuviera equipado con sistema de seguimiento automático esto no sería un problema.

CAPÍTULO VI

FÍSICA

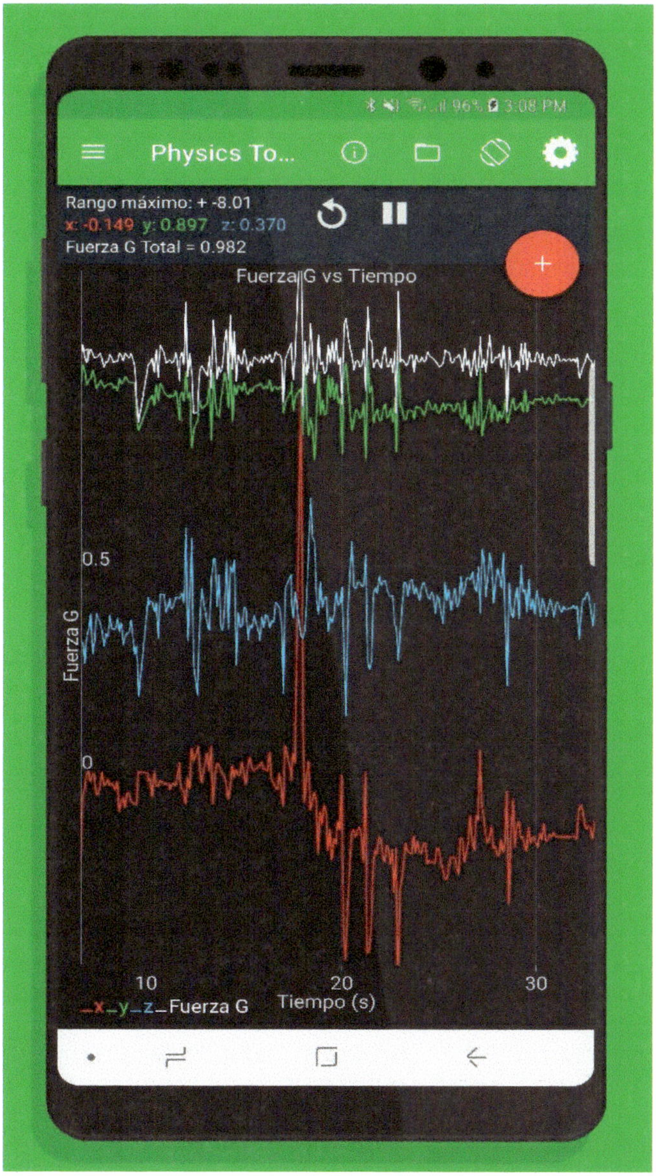

VI.1 ESTUDIO DE LA LEY DEL PÉNDULO. *DETERMINACIÓN DE LA ACELERACIÓN GRAVITATORIA*

Fundamento teórico

Es bien sabido que cuando un cuerpo se suspende en el seno de un campo gravitatorio, este adopta una posición de equilibro en la que el centro de masas del cuerpo y el punto de suspensión se alinean en la dirección del campo. En el caso del campo gravitatorio terrestre, ambos puntos se sitúan en dirección vertical estando el centro de masas por debajo del punto de suspensión. Cualquier cuerpo de masa ***m*** en esas circunstancias se comporta como un péndulo.

El modelo más simple de un péndulo se constituye con un cuerpo colgado de un punto fijo mediante un hilo. Cuando este es desplazado de su posición de equilibrio y se lo deja libre, inicia una serie de oscilaciones con un período determinado que, mayoritariamente, depende de la longitud del hilo y de la intensidad del campo gravitatorio. Ciertamente, hay otras circunstancias que influyen en el valor de ese período como, por ejemplo, la temperatura que modifica ligeramente la longitud del hilo, el rozamiento contra el aire que se opone a los desplazamientos de la masa pendular, la resistencia a la flexión del hilo que atenúa la amplitud de las oscilaciones, etc. Ahora bien, son la longitud del hilo y la aceleración de la gravedad las causas que por abrumadora mayoría, determinan el período.

La Física propone un modelo teórico para los sistemas pendulares, denominado *péndulo simple*, formado por un cuerpo puntual[48] colgado de un hilo inextensible y de masa cero[49] que oscilara sin rozamientos[50]. El período de este péndulo ideal responde a la ley:

$$T = 2\pi \sqrt{\frac{l}{g}}$$

---

48 Un cuerpo que, teniendo masa finita, no tiene dimensiones sería un cuerpo de densidad infinita, circunstancia que no se da ni siquiera en los agujeros negros que se hallan dispersos por el espacio extraterrestre.

49 De nuevo estamos ante una sublimación de la realidad, dado que hasta el más fino hilo de seda tiene una masa no nula y su longitud se halla sometida a variaciones por causa de la temperatura y de la tensión.

50 Por tercera vez estamos ante una idealización de la realidad, ya que el aire es un fluido que ofrece una resistencia al avance de cualquier móvil en su seno.

Esta ley resulta válida cuando la relación entre la amplitud de las oscilaciones y la longitud pendular es pequeña, o lo que es lo mismo, para ángulos de oscilación no superiores a 10º.

El péndulo es uno de los procedimientos que permiten medir la aceleración de la gravedad. Todo lo que hay que hacer es medir el período de oscilación de un péndulo lo más parecido al modelo ideal que realice oscilaciones de pequeña amplitud y del cual se conozca su longitud efectiva.

Aplicaciones requeridas

Para la medición del período de un péndulo recurriremos al paquete de aplicaciones Physics Toolbox Suite del que seleccionaremos la aplicación *Proxímetro* en el modo "Péndulo", que trabaja con el sensor de proximidad (ver el punto I.8) y permite medir el período de un péndulo que en sus oscilaciones pase justo por encima del sensor de proximidad del teléfono.

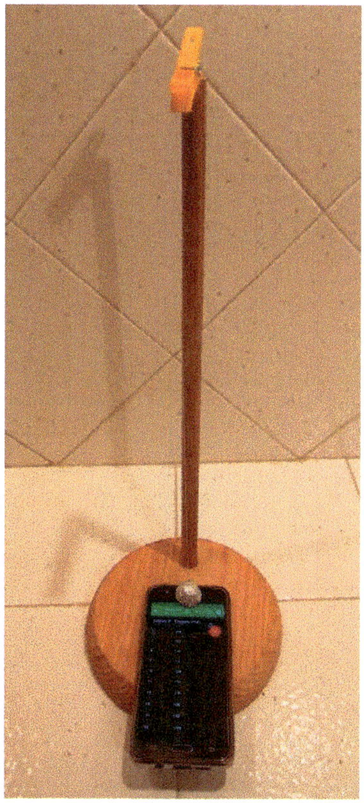

Figura 1. Dispositivo para la medida del período de un péndulo.

Modo de operar

La sencillez del dispositivo experimental queda patente en la figura 1. Un soporte de madera en cuya punta superior se ha fijado una pinza de colgar la ropa, sujeta un hilo de coser del que pende una bola metálica. Con una regla graduada mediremos la longitud de nuestro péndulo contando desde el centro geométrico de la masa pendular hasta el punto de suspensión.

La bola ha de oscilar a una distancia aproximada de 1 cm respecto del teléfono, que habremos situado debajo de forma que la bola en sus oscilaciones pase por encima del sensor de proximidad que, en la mayoría de los smartphones, se encuentra junto a la cámara de selfies.

Separaremos el péndulo un ángulo pequeño de su posición de equilibrio (unos 10º) y luego lo dejaremos libre. Automáticamente el teléfono irá anotando los tiempos entre cada una de las pasadas del péndulo en la misma dirección, por encima del sensor de proximidad, y cuando se considere pertinente se detiene la grabación de valores. Las diferencias de tiempos entre los valores consecutivos serán sucesivas medidas del período del péndulo. Nuestro resultado será la media aritmética de todas ellas.

Finalmente, sustituyendo los valores del período y la longitud del péndulo podremos calcular la aceleración de la gravedad g.

Bibliografía

Ramírez, J.L. (2019) *Experimentación en Física con dispositivos móviles.* Pp. 76-77. https://experimentaciolliure.files.wordpress.com/2020/05/exfidismo-2019-3.pdf

VI.2 MEDIDA DEL CAMPO MAGNÉTICO TERRESTRE

El sensor magnético de nuestro móvil, cuyo funcionamiento vimos en el punto I.3, no solo permite indicar la orientación en el campo geomagnético actuando como una brújula sino que, además, permite determinar cuantitativamente la intensidad de los campos magnéticos en general. En este proyecto se propone la medición y estudio experimental del campo magnético terrestre.

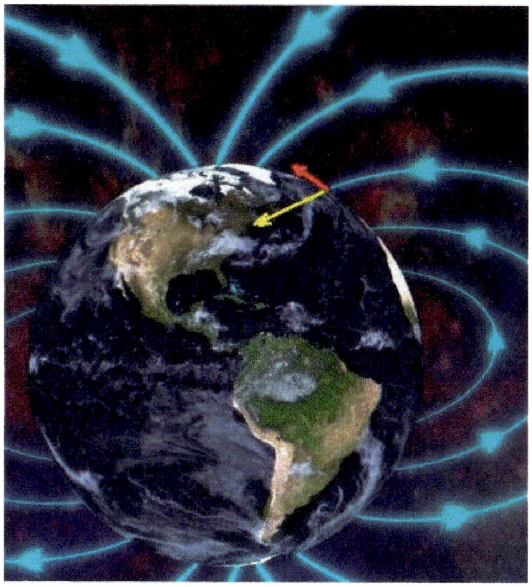

Figura 2. Intensidad del campo geomagnético (amarillo) y su componente horizontal (rojo).

Fundamento teórico

Es bien sabido que nuestro planeta se comporta como un dipolo magnético cuyas líneas de fuerza atraviesan su interior, casi paralelas a su eje de rotación, para emerger en el polo norte donde divergen en todas direcciones circunvalando meridianamente la superficie terrestre, para reunirse de nuevo en el polo sur. Parece que la existencia del campo magnético en la Tierra se debe a los flujos del hierro fundido que se encuentra en su núcleo externo y así se explica que en los distintos períodos geológicos haya variado de intensidad y orientación, e incluso se haya invertido en numerosas ocasiones. Además, el campo magnético protege a la Tierra del dañino viento solar que, sin su presencia, arrastraría a la atmósfera, convirtiendo al planeta en inhabitable.

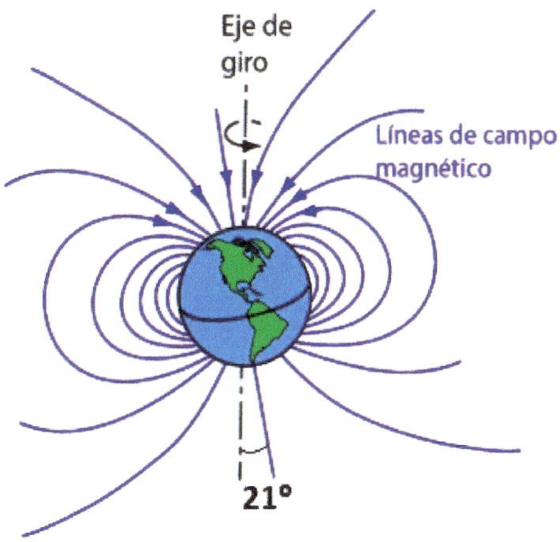

Figura 1. Campo magnético terrestre.

El campo geomagnético es menos intenso en el ecuador que en los polos. En latitudes medias, entre los 35 y los 45 grados de latitud, su valor oscila entre 25 y 65 μT (microteslas)[51]. Por otro lado, el eje del campo magnético forma actualmente con el de rotación un ángulo[52] de 21°. Se estima que los polos magnéticos se desplazan unos 40 km por año.

La figura 2 permite discernir claramente entre la intensidad del campo en un punto de la superficie terrestre (vector amarillo) y su componente horizontal (vector rojo). Las brújulas responden a esta componente horizontal.

Aplicaciones y periféricos

De entre las muchas aplicaciones brújula, recomendamos el uso de *Gauss Meter*. Se trata de una aplicación gratuita, muy adecuada para la realización de trabajos de electromagnetismo cuyas características fueron descritas en el apartado III.7.

Una vez cargada la aplicación, la pantalla muestra en el dial superior el valor actual de la intensidad del campo (aguja roja) así como los valores máximo y mínimo (agujas grises). Debajo del dial se muestran los valores mínimo, máximo y promedio en Gauss o Teslas, según determine el usuario.

La aplicación toma medida de la densidad de flujo magnético (o intensidad del campo) a intervalos regulares de tiempo que puede definir el usuario entre 0,5; 1; 2 y 5 segundos. La aplicación permite el calibrado del sensor, siempre que se disponga de una fuente magnética de intensidad conocida.

Modo de operar

El campo magnético terrestre es muy poco intenso si se compara con otros campos magnéticos (p.ej. en las proximidades de un imán o de un motor u otra máquina electromagnética). Es por tanto muy necesario asegurarse de que el punto en el que hacemos la medición no se vea afectado por otros campos magnéticos que pudieran enmascarar los resultados. Así pues, evitaremos la proximidad a líneas de conducción eléctrica, máquinas electromagnéticas o dispositivos que contengan imanes. Así mismo, debemos evitar la proximidad a estructuras que contengan hierro u otros materiales ferromagnéticos ya que ellos desvían las líneas del campo alterando localmente el valor de la densidad de flujo.

---

51 El *Tesla* (T) es la unidad internacional de intensidad del campo magnético que se define como *el campo magnético que ejerce la fuerza de 1 N sobre una carga de 1 C que se mueva a la velocidad de 1 ms^{-1}*

52 A este ángulo se lo llama *declinación magnética.*

Finalmente, no debemos olvidar el sistema cartesiano tridimensional de nuestro teléfono, expresado en la figura 11 del punto III.10.

Determinación de la declinación

Colocado el teléfono en posición horizontal, haciendo coincidir su eje Y con la dirección del meridiano del lugar, activaremos la opción *Brújula* y mediremos el ángulo que forman la dirección de la brújula con la dirección N-S geográfica.

La línea meridiana del lugar la determinaremos a las 12 h mediante la sombra que proyecta sobre el suelo horizontal una varilla colocada perpendicularmente al suelo. Puesto que la brújula apunta al norte magnético, ambas líneas deben formar un ángulo que no es otro que la declinación.

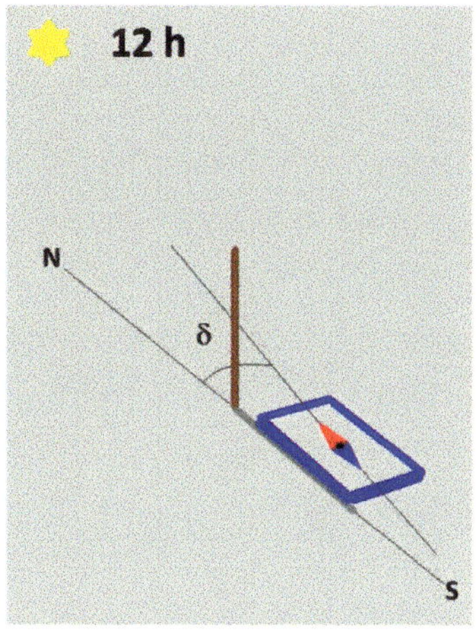

Figura 3. Determinación de la declinación magnética.

Determinación de la inclinación

La figura 2 especifica la *inclinación* del campo magnético en un lugar geográfico como el ángulo que forman allí el vector intensidad y su componente horizontal. Puesto que la brújula de *Gauss Meter* se sitúa siempre en la línea de fuerza del campo, una vez situado el teléfono en dirección N-S, bastará colocarlo con su eje Z en posición horizontal (o lo que es lo mismo, puesto el plano del teléfono perpendicular al de la mesa) y la brújula se situará en la línea de fuerza, señalando así el ángulo de inclinación (Figura 4).

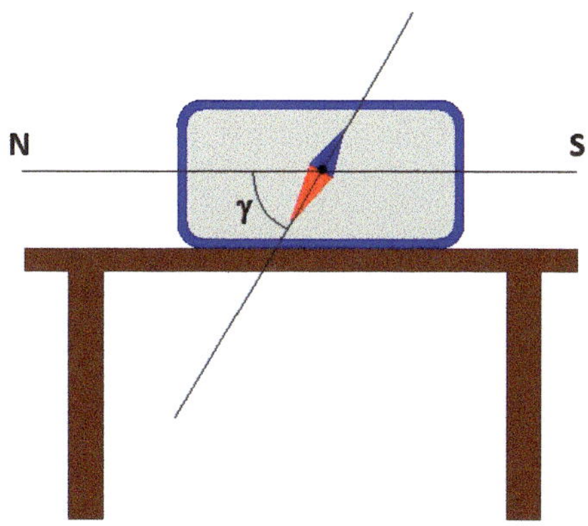

Figura 4. Medición de la inclinación magnética.

Bibliografía

ARRIBAS, E., ESCOBAR, I., SUÁREZ, C., NÁJERA, A. y BELÉNDEZ, A. (2015) "Medida del campo magnético de imanes pequeños con un smartphone: una práctica de laboratorio muy económica" en *Experiencias de innovación docente en la enseñanza de la Física Universitaria.* Cap.12 Univ Albacete. Capítulo12-AB-2015.pdf (ua.es)

NEMES, M. (2019) *SmartFIS; Utilizando los teléfonos móviles en el aprendizaje de la Física.* Proyecto de innovación. Univ. Complutense.
Memoria PIE 2018-19 SmartFis con Anexos.pdf (ucm.es)

RAMÍREZ, J. L. (2019) *Experimentación en Física con dispositivos móviles.* pp. 132-133
https://experimentaciolliure.files.wordpress.com/2020/05/exfidismo-2019-3.pdf

VI.3 FUERZAS DE ROZAMIENTO

Pese a que muchos problemas físicos, en primera aproximación, se simplifican ignorando la presencia de las fuerzas de rozamiento, lo cierto es que estas siempre están presentes y su consideración alcanza enorme importancia en multitud de asuntos como el diseño de las ruedas de un vehículo, el casco de un navío, la construcción de un pavimento urbano, etc.

Fundamento teórico

Las fuerzas de rozamiento aparecen siempre que dos cuerpos en contacto íntimo se mueven uno respecto del otro. Si se trata del movimiento de un cuerpo sólido en el seno de un fluido (líquido o gas) la fuerza de rozamiento aparece a resultas de la viscosidad del fluido, de su densidad y de la geometría del sólido. Cuando se trata del movimiento (deslizamiento o rodadura) de un sólido sobre una superficie también sólida, las fuerzas de rozamiento son causadas por la interacción entre las superficies en contacto.

En nuestro caso nos referiremos únicamente al deslizamiento de un sólido sobre una superficie sólida. La experimentación en estos casos pone de manifiesto que la fuerza de rozamiento que se opone al deslizamiento es proporcional a la fuerza que oprime a una superficie contra otra y a la naturaleza de ambas superficies (incluyendo su estado de pulimento), es decir:

$$F_r = \mu . N$$

Donde N es la fuerza que oprime a una superficie contra la otra y μ es el *coeficiente de rozamiento*, característico de la naturaleza de la superficie y de su estado de pulimento. Si la superficie de deslizamiento fuera horizontal, la fuerza N coincidiría con el peso del cuerpo que desliza y si el plano estuviera inclinado (Figura 1), entonces N será la componente del peso vertical a la superficie

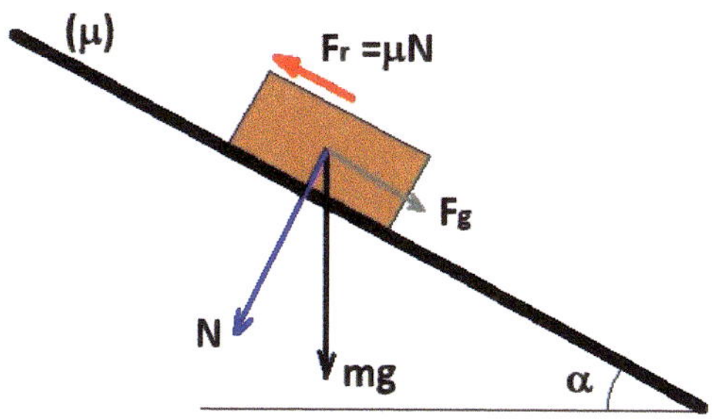

Figura 1. La fuerza del rozamiento en un plano inclinado disminuye a medida que aumenta el ángulo de inclinación.

de deslizamiento. Puesto que la fuerza de rozamiento es proporcional a la fuerza N que aplica una superficie contra otra, concluiremos asumiendo que la fuerza de rozamiento es máxima cuando el plano está en posición horizontal y disminuye a medida que se incrementa la inclinación del plano. Mientras la fuerza de rozamiento F_r sea inferior a la componente del peso paralela al plano F_g el cuerpo no deslizará, pero habrá una inclinación límite a partir de la cual F_g se hace mayor que F_r y el cuerpo deslizará espontáneamente pendiente abajo.

La experiencia demuestra que la fuerza del rozamiento es ligeramente mayor cuando el cuerpo deslizante está en reposo que cuando este se mueve. Por este motivo se ha de distinguir entre el *coeficiente de rozamiento estático* μ y el *coeficiente de rozamiento dinámico* μ', siendo

$$\mu > \mu'$$

El tribómetro de plano inclinado que usaremos en este proyecto basa su utilidad en el hecho de que cuando se cumple la igualdad F_g=F_r se cumple:

$$mg \sin \propto = \mu . N$$

$$mg \sin \propto = \mu mg \cos \alpha$$

Es decir

$$\mu = \tan \alpha$$

Así pues, basta con hallar la tangente del ángulo límite para conocer el coeficiente de rozamiento estático entre las superficies Ay B.

Aplicaciones y periféricos

Se denomina *tribómetro* al dispositivo cuya finalidad es medir y estudiar las fuerzas de fricción que aparecen entre dos superficies en contacto. En este proyecto se trata de medir el coeficiente del rozamiento que aparece entre la superficie A de un plano, cuya inclinación podemos definir, y la superficie B de un cuerpo de geometría prismática, similar al esquema de la figura 1.

El tribómetro cuya construcción se propone consiste en una simple tabla de 80 cm de largo por 20 cm de ancho que servirá de soporte para la colocación de las distintas superficies A (madera, plástico, láminas metálicas, vidrio, pavimentos de gres o de cerámica, etc.). El segundo elemento tiene por misión alojar el Smartphone que medirá ángulos de inclinación y llevará adherida por su cara inferior la superficie B.

Se propone la medida de los ángulos de inclinación por medio del Smartphone equipado con una aplicación clinométrica.

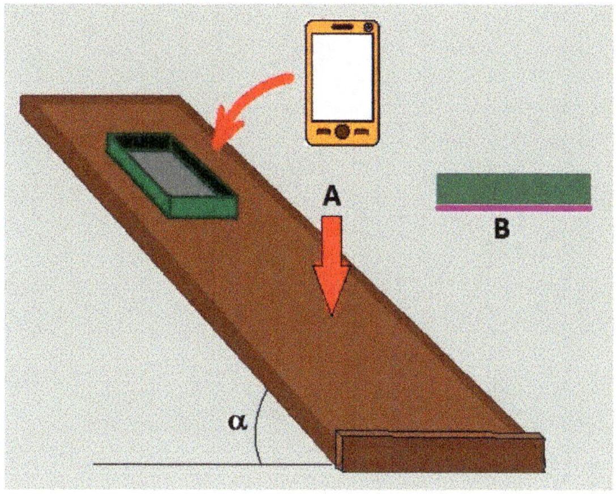

Figura 2. Tribómetro de plano inclinado.

Modo de operar

Una vez colocada la superficie A sobre el plano, adheriremos la superficie B a la cara inferior del elemento móvil. Esto puede hacerse fácilmente con velcro autoadhesivo que mantendrá unidas ambas superficies y permite al propio tiempo un fácil remplazo de las muestras B.

Para la determinación del coeficiente de rozamiento estático es preciso inclinar el plano lenta y progresivamente y anotar el ángulo máximo para el que el cuerpo no resbale. Dada la naturaleza del fenómeno, es muy conveniente tomar varias medidas situando el cuerpo móvil en diversas zonas del plano y dar como resultado la media aritmética.

La determinación del coeficiente de rozamiento dinámico con elementos tan sencillos como los esquematizados en la figura 2 requiere una cierta habilidad. Es preciso buscar el ángulo límite para el que el cuerpo en reposo no resbale pero, si se lo empuja, descienda con movimiento uniforme. Esta determinación requiere tanteos en diversas zonas del plano, ya que este no es absolutamente uniforme.

Bibliografía

RAMÍREZ, J. L. (2019) *Experimentación en Física con dispositivos móviles.* pp. 60-62. https://experimentaciolliure.files.wordpress.com/2020/05/exfidismo-2019-3.pdf

VI.4 COEFICIENTE DE RESTITUCIÓN EN LOS CHOQUES

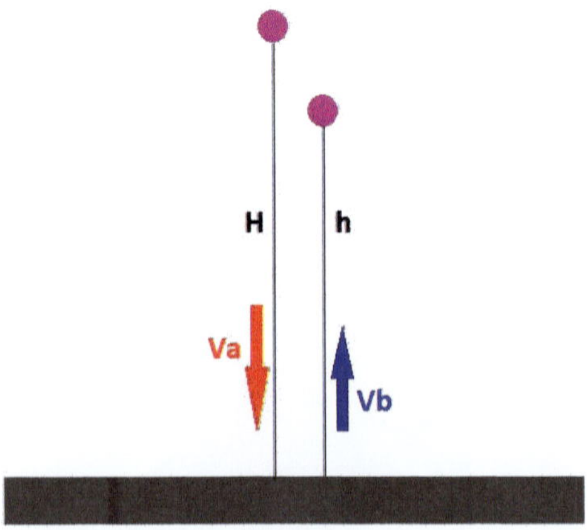

Figura 1. En el bote inelástico hay una pérdida energética que se traduce en una disminución de la velocidad y, por tanto, de la altura alcanzada.

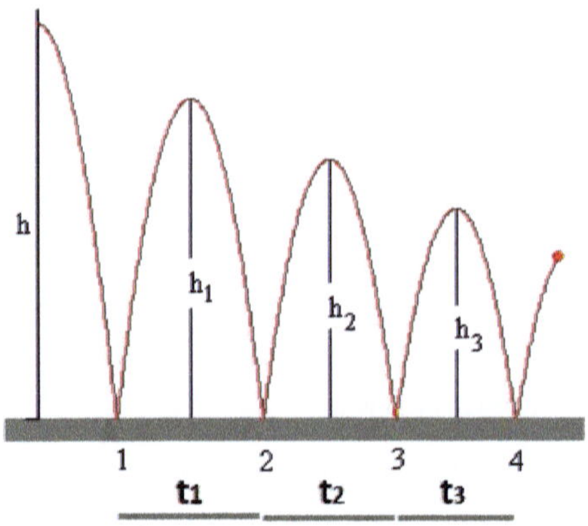

Figura 2. Los intervalos temporales entre botes permiten medir el coeficiente de resti-

En este proyecto se propone la determinación del coeficiente de restitución de un cuerpo esférico al rebotar en el suelo. Para ello se dejará caer una bola y se grabará el sonido que produce al chocar repetidamente contra el suelo en los sucesivos rebotes, los cuales van perdiendo altura a consecuencia de la pérdida de energía en cada choque.

Fundamento teórico

En los choques inelásticos[53] de una pelota contra el suelo, definiremos el *coeficiente de restitución* como la relación de las celeridades después del bote y antes del bote, es decir:

$$e = {}^{v_b}/_{v_a}$$

Tanto en la caída como en el ascenso de la pelota tiene lugar la transformación de energía potencial en cinética, esto es

$$mgH = \frac{1}{2}m{v_A}^2 \quad (1)$$

$$\frac{1}{2}m{v_B}^2 = mgh \quad (2)$$

[53] Una colisión elástica entre dos cuerpos es aquella en la que se conserva la energía cinética total del sistema durante la interacción. Excepto en los choques de las moléculas gaseosas contra las paredes del contenedor, se considera que todos los choques son inelásticos en mayor o menor medida.

Dividiendo miembro a miembro (tras invertir la segunda ecuación):

$$\frac{{v_A}^2}{{v_B}^2} = \frac{H}{h} \qquad (3)$$

Ahora bien, los movimientos de caída y ascenso de la pelota se rigen por las leyes del movimiento uniformemente acelerado, por tanto:

$$\frac{{v_A}^2}{{v_B}^2} = \frac{\frac{1}{2}g{t_A}^2}{\frac{1}{2}g{t_B}^2} \qquad (4)$$

Simplificando:

$$\frac{v_A}{v_B} = \frac{t_A}{t_B} \qquad (5)$$

Es decir, la relación entre las velocidades antes y después del choque es la misma relación en la que se encuentran los tiempos de caída y de ascenso. Ahora bien, esos tiempos son el valor mitad del intervalo temporal entre dos botes consecutivos, según se aprecia en la figura 2.

Concluiremos por tanto en que es posible determinar el coeficiente de restitución de los botes de una pelota sin más que medir los tiempos que median entre bote y bote. Así, para un proceso de botes consecutivos con intervalos de tiempo t_1, t_2, t_3, ... el coeficiente de restitución será:

$$e = \frac{t_2}{t_1} = \frac{t_3}{t_2} = \cdots \frac{t_n}{t_{(n-1)}} \qquad (6)$$

Aplicaciones y periféricos

En este trabajo utilizaremos la aplicación Audiotime+ descrita en el punto III.1. Esta aplicación, de distribución gratuita, permite medir con buena precisión el intervalo de tiempo que media entre dos eventos consecutivos. La aplicación trabaja con el micrófono interno del teléfono o bien con cualquier transductor conectado a través del puerto de audio, ya sea un micrófono externo, un fotosensor, o cualquier artilugio que convierta la variación de una determinada magnitud (luz, presión, temperatura, fuerza, etc.) en un impulso eléctrico. Esto le da a la aplicación una enorme versatilidad.

En nuestro proyecto trabajaremos con el micrófono interno del teléfono, ya que serán los impactos de la pelota contra el suelo en sus sucesivos botes los que produzcan los impulsos que la aplicación utilizará.

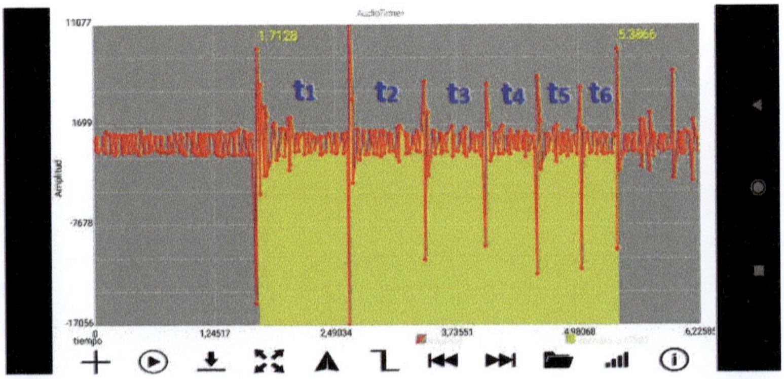

Figura 3. Sonograma experimental con selección de los primeros seis botes.

Sobre el sonograma resultante de la grabación de audio, señalaremos con el dedo el pasaje que queramos, el cual adquirirá color amarillo. Tras ello definiremos los picos de máxima amplitud que corresponden a los impactos. Para ello al pulsar el botón "Determinación del pico de máxima amplitud" (ver la figura 2 del punto III.1) dispondremos en pantalla de los datos experimentales de los tiempos entre botes consecutivos.

Una segunda alternativa es utilizar *Colisión inelástica* del paquete *Phyphox* descrito en el punto III.10-D. Teniendo en cuenta que en cada bote la energía potencial se convierte íntegramente en cinética, para el primer bote, por ejemplo,

$$mgh_1 = \frac{1}{2}mg\left(\frac{1}{2}t_1\right)^2 \qquad (7)$$

$$h_1 = \frac{1}{8}{t_1}^2 \qquad (8)$$

Es decir, la altura de un rebote es la octava parte del cuadrado del tiempo transcurrido entre los dos botes consecutivos, y además podemos afirmar que la altura de los rebotes será proporcional al cuadrado de los tiempos entre los correspondientes botes.

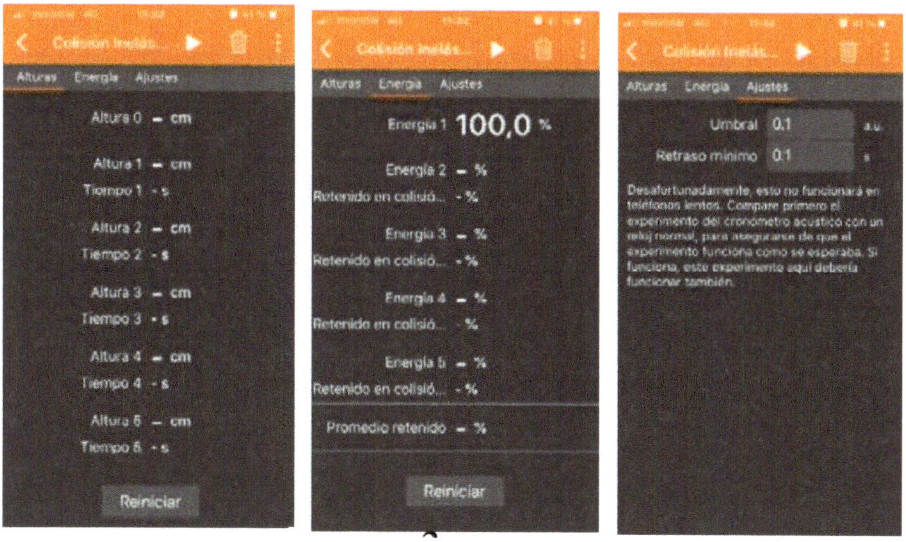

Figura 4. Pantallas de Phyphox en la aplicación *Colisión inelástica.*

Basándose en estos planteamientos teóricos, la aplicación registra los tiempos entre rebotes consecutivos y a partir de esos tiempos calcula las alturas correspondientes, la altura inicial de la pelota y la porción de energía perdida en cada rebote.

Modo de operar

Puesto que las señales que utilizará nuestro smartphone para medir los tiempos entre botes consecutivos son acústicas, es esencial que el experimento se haga en un lugar lo más exento posible de reflexiones del sonido. De este modo los picos del sonograma coincidirán fielmente con los impactos de la pelota contra el suelo.

La manipulación no puede ser más simple: dejaremos caer la pelota desde una altura que asegure impactos muy audibles y cuyo número no sea inferior a seis. Si usamos Audiotime, seleccionaremos con el dedo sobre el sonograma el intervalo que media entre el primer y el segundo bote. Ese intervalo se mostrará en color amarillo (figura 3) y sobre los picos aparecerán los correspondientes tiempos con tipos amarillos. El tiempo t_1 será la diferencia de ambos valores. Operaremos de igual modo obteniendo los valores t_2, t_3, ... los cuales, llegados a la fórmula (6) nos permitirán calcular el coeficiente de restitución.

Si utilizamos *Colisiones inelásticas* de Phyphox, esta nos mostrará en las pantallas (figura 4) los intervalos temporales entre bote y bote, la altura alcanzada y el tanto por ciento de energía de cada bote respecto de la inicial.

Bibliografía

APARICIO, A. y LOZANO, M. T., (2002) *Energia dissipada en el bot d'una pilota*, Protocol del CDEC. Documento disponible en línea. http://srvcnpbs.xtec.cat/cdec/images/stories/WEB_antiga/recursos/pdf/nntt_fiq/pdf_fisica/dissipada.pdf

LABORATORIO DE FÍSICA UCM (2020) "Práctica Phyphox: Colisión inelástica. Disponible en: phyphox-colision-inelastica-2021.pdf

CAPÍTULO VII

ACÚSTICA

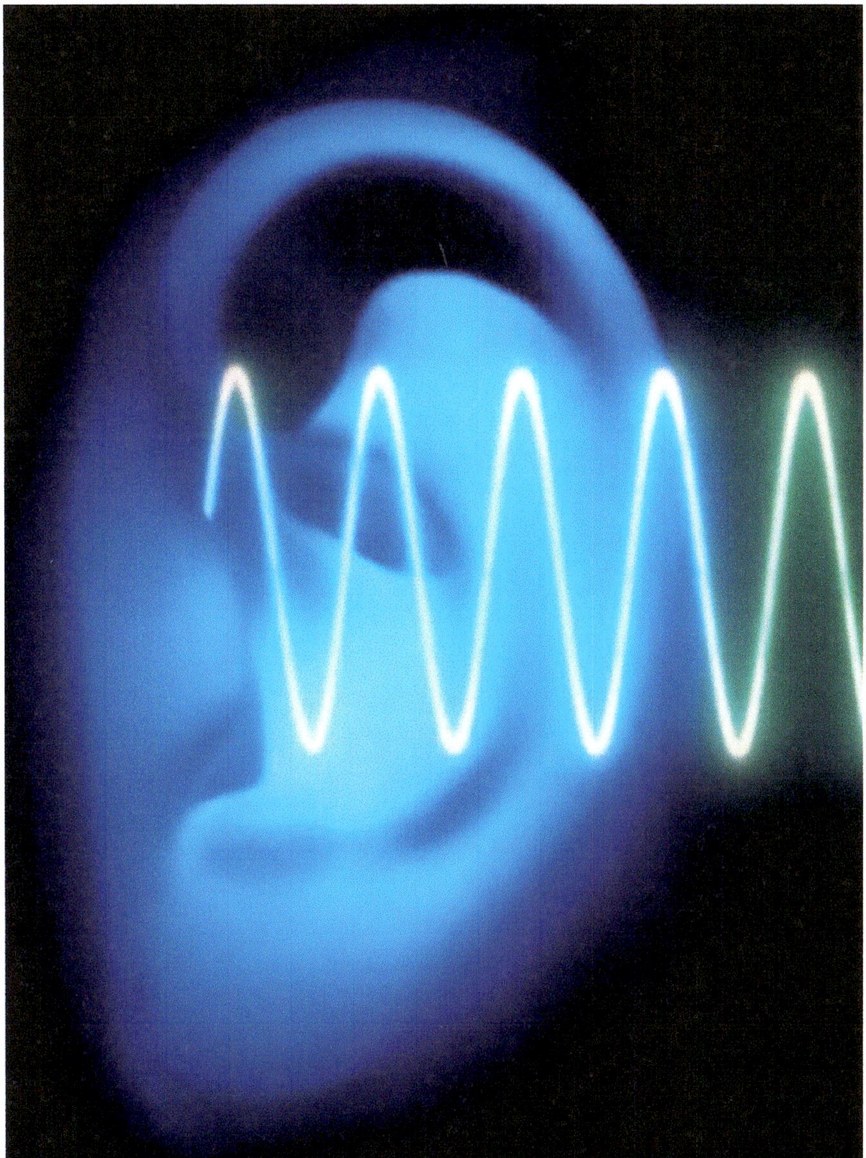

VII.1 INTERFERENCIAS ACÚSTICAS

Con este trabajo se pretende estudiar experimentalmente el campo acústico en el entorno de dos focos emisores coherentes[54].

Fundamentos teóricos

En general, cuando un punto de un medio se ve alcanzado por dos trenes de ondas procedentes de focos distintos, ambas ondas se superponen generando una interferencia. El fenómeno se rige por el Principio de Superposición, esquematizado en la figura 1.

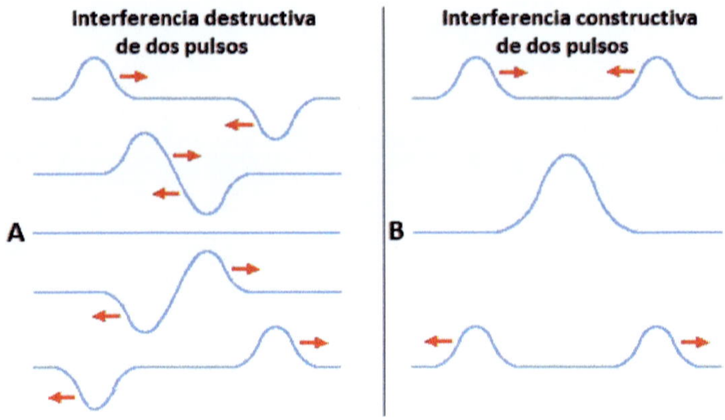

Figura 1. Ilustración del Principio de Superposición de las ondas.

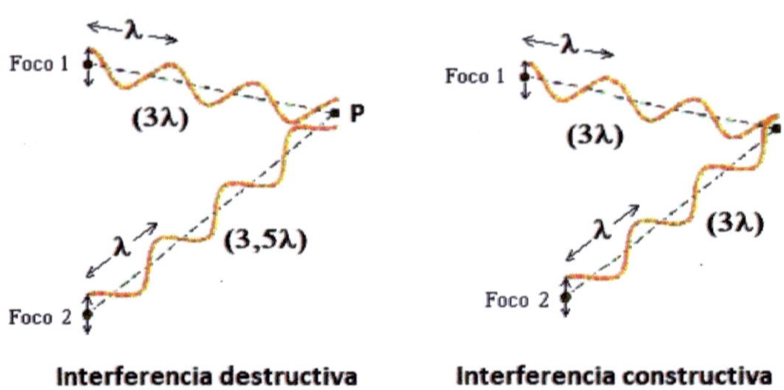

Figura 2. Se produce interferencia destructiva allí donde las dos ondas se superponen en contrafase. Si las ondas se superponen con igual fase, la interferencia es constructiva.

[54] En Ondulatoria se llama así a dos focos que emiten ondas con igual frecuencia e igual fase.

El Principio de Superposición de las Ondas establece que *Cuando dos perturbaciones que se propagan por un medio coinciden en un mismo punto suman algebraicamente sus amplitudes, para continuar después su camino inalteradamente*. Este principio universal se cumple tanto en las ondas materiales (sonido, olas, vibraciones en sólidos, etc.) como en las inmateriales (luz, microondas, radiación infrarroja, ultravioleta, etc.).

Supongamos ahora que estamos en la zona del espacio afectada por las ondas procedentes de dos focos que emiten ondas de igual frecuencia y con igual fase, es decir, son dos focos coherentes. La mera observación de la figura 2 permite concluir que en aquellos puntos en los que la diferencia de distancias a los focos sea igual a un número par de semilongitudes de onda, la interferencia será constructiva con amplificación de la amplitud y, obviamente, los puntos cuya diferencia de distancias a los focos sea igual a un número impar de semilongitudes de onda, registrarán interferencia destructiva con atenuación de la amplitud. Así pues, para las interferencias constructivas se cumple:

$$d = n\frac{\lambda}{2}$$

Y para las destructivas:

$$d = (2n - 1)\frac{\lambda}{2}$$

Siendo *n=1, 2, 3...* y *d* la diferencia de distancias rectas a los focos.

Cuando en una zona de un medio se propagan las ondas procedentes de dos focos, las interferencias constructivas y destructivas se alternan conforme prevén las dos ecuaciones anteriores, dando como resultado un campo de interferencias cuya geometría se esquematiza en la figura 3. Las líneas concéntricas continuas representan las crestas de las ondas y las discontinuas los valles. Los cruces de líneas continuas

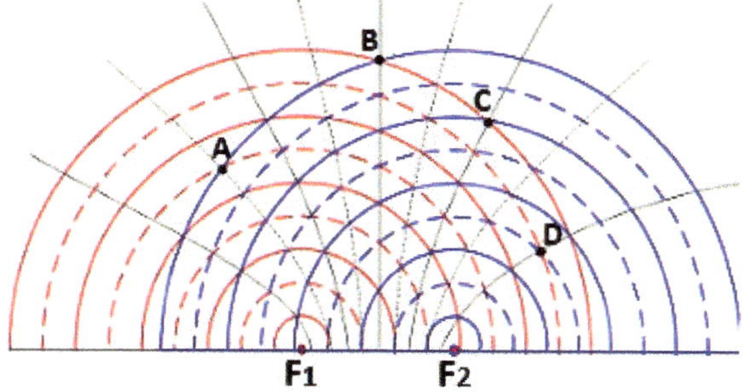

Figura 3. Los trenes de ondas procedentes de F_1 y F_2 producen interferencias constructivas y destructivas que se alinean a lo largo de líneas parabólicas.

(puntos B y C) o de líneas discontinuas (punto D) corresponden a superposiciones en fase y generan interferencias constructivas mientras que los cruces de una línea continua con otra discontinua (A) corresponden a superposiciones en contrafase y su resultado es interferencia destructiva.

Así pues, el campo de interferencias tiene la forma de una familia de hipérbolas en las que se alternan las interferencias destructivas con las constructivas. En conjunto, la energía ondulatoria se concentra en las alineaciones hiperbólicas de interferencias constructivas a costa de atenuarse en las destructivas.

Aplicaciones requeridas

Para realizar la experimentación necesitaremos dos teléfonos inteligentes, uno de ellos proporcionará los dos focos coherentes emisores de ondas acústicas, para lo cual necesitará estar equipado con una aplicación de generación de sonidos senoidales. El otro funcionará como medidor de intensidad acústica, siendo su misión detectar los puntos de interferencias constructivas y destructivas. Además, necesitaremos un par de altavoces externos de ordenador, a ser posible, dotados de amplificación propia.

De las muchas aplicaciones existentes para generar sonidos, probablemente la más adecuada es *Dual Channel Function Generator* de Keuwlsoft ya que se trata realmente de dos generadores que actúan en paralelo e independientemente. Es posible programar cada uno de los dos canales de salida en cuanto a la forma de onda generada (senoidal, diente de sierra o cuadrada), la frecuencia y la fase. Permite la generación de ruido blanco[55] o rosa[56], la modulación de uno u otro canal en FM o en AM, la memorización de parámetros y el control independiente del volumen de salida.

Modo de operar

Para realizar nuestro experimento con éxito hemos de procurar hacerlo en un recinto lo más exento posible de ecos. Un lugar adecuado puede ser un espacio abierto en el que no haya paredes próximas que reflejen el sonido, así aseguraremos trabajar tan solo con el sonido directo.

---

55 Se llama así al que contiene todas las frecuencias.

56 Es un ruido blanco aquel cuya densidad espectral es inversamente proporcional a la frecuencia.

Conectaremos los altavoces, separados entre 1 y 2 m y los conectaremos a la salida de auriculares del teléfono.

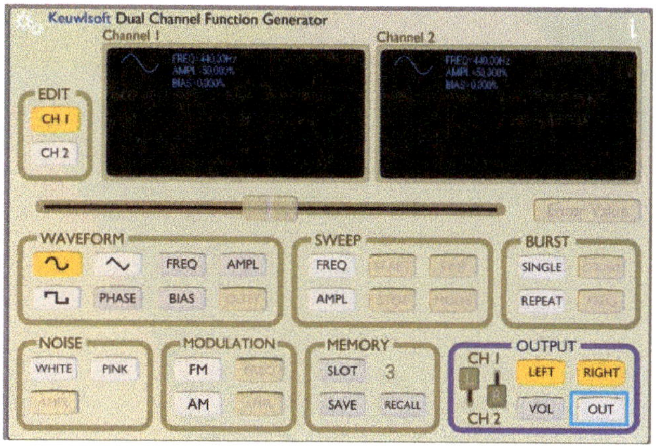

Figura 4. Pantalla de *Dual Channel Function Generator.*

Una vez en marcha la aplicación *Dual Channel Function Generator* (Figura 4) configuraremos el canal 1 pulsando el botón CH1 del cuadro EDIT (arriba a la izquierda). Tras ello seleccionaremos la señal senoidal en el cuadro WAVEFORM y elegiremos la frecuencia pulsando el botón FREQ (para este experimento se recomiendan frecuencias comprendidas entre 1000 y 5000 Hz); se activará el botón ENTER VALUE y al pulsarlo aparecerá la pantalla que nos permitirá introducir el valor de la frecuencia y sus unidades (mHz, Hz o kHz). El canal 2 se ajustará igualmente tras pulsar el botón CH2 del cuadro EDIT. Después adjudicaremos cada canal a un altavoz, para ello, iremos al cuadro OUTPUT (esquina inferior derecha de la pantalla) y deslizaremos los botones L y R situándolos como se indica en la figura 4. De esta manera enviaremos el canal 1 al altavoz izquierdo y el 2 al derecho. Los botones LEFT y RIGHT han de estar pulsados. Finalmente pondremos en marcha el conjunto pulsando el botón OUT (esquina inferior izquierda).

Para escuchar las interferencias, los altavoces pueden estar situados en el borde de una mesa y nosotros nos desplazaremos lentamente en dirección paralela a su alineación (Figura 5). Se puede distinguir las interferencias constructivas y destructivas si nos colocamos de costado, nos tapamos el oído opuesto a los altavoces y nos desplazamos hacia adelante y hacia atrás.

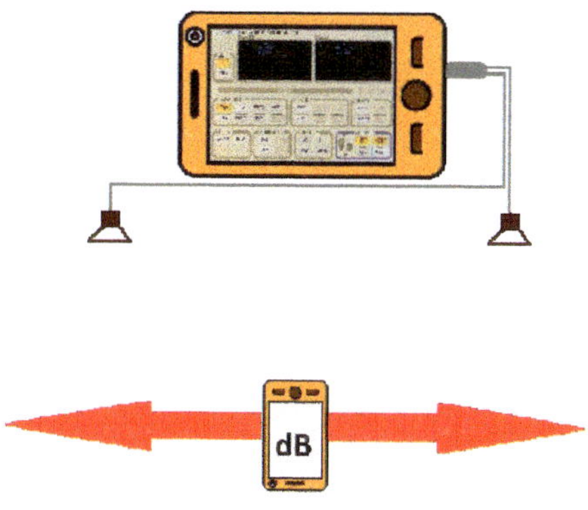

Figura 5. Diseño experimental para el estudio de un campo de interferencias.

Las variaciones de intensidad acústica pueden medirse con un segundo teléfono equipado con alguna aplicación sonométrica. Para este fin resulta muy adecuada la aplicación *Medidor de sonido*, perteneciente a *Physics Toolbox Suite.* Si se experimenta de esta segunda forma, es preciso situar los altavoces sobre un tablero forrado de papel y trabajar con una frecuencia del orden de 3000 Hz o más y colocar los altavoces a unos 80 cm.

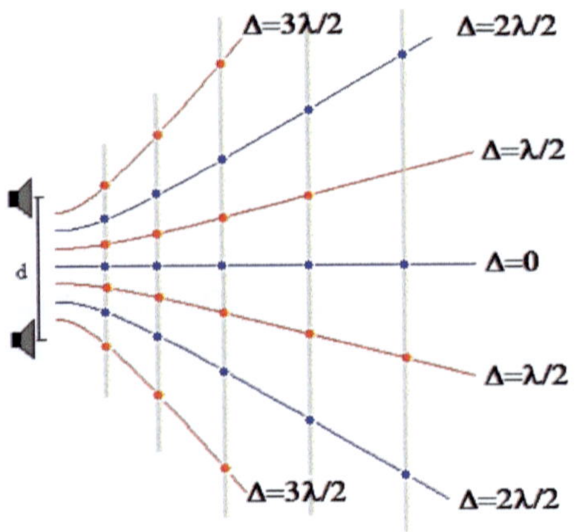

Figura 6. Puntos experimentales de máxima (azul) y mínima (rojo) intensidad.

Iremos colocando el teléfono medidor de intensidad acústica (dB) en las distintas posiciones sugeridas en la figura 6 e iremos señalando sobre el papel los puntos de máxima y mínima intensidad. Podremos comprobar que esos puntos se alinean conformando una familia de hipérbolas en las que se sitúan alternadamente las interferencias constructivas y destructivas.

Aunque muy sensibles, los micrófonos de los smartphones son multidireccionales por lo que recogen el sonido que les llega con un ángulo bastante abierto. Para nuestros propósitos esta circunstancia supone una dificultad, ya que lo que nos interesa es medir la intensidad acústica proveniente de una única dirección. Por este motivo notaremos que al cambiar el emplazamiento del teléfono, este registra altibajos de intensidad poco pronunciados. Pese a todo, los altibajos son lo suficientemente acusados como para que sea posible determinar los puntos con bastante certeza.

Bibliografía

RAMÍREZ, J. L. (2019) "Interferencias sonoras" en *Experimentación en Física con dispositivos móviles.* Pp. 109-110.
https://experimentaciolliure.files.wordpress.com/2020/05/exfidismo-2019-3.pdf

MUÑOZ, X. y CASILLAS, T., (2011), "Interfèrencies sonores", *Recursos de Física*, número 7, pp 3-9. Disponible en línea.
http://www.rrfisica.cat/num/num7/article_num=22&pos=3&total=9&art=84.html

VII.2 ESTUDIO DE LOS FORMANTES DEL HABLA

En este trabajo se trata de hacer un estudio experimental de los grupos de frecuencias (formantes) presentes en los sonidos hablados, definitorios de las vocales.

Fundamentos teóricos

Se puede decir que las vibraciones complejas originadas en la glotis son como un diamante en bruto, correspondiendo a las cavidades resonadoras la labor del maestro tallador. La voz, tal como se nos muestra, es el resultado de la participación decisiva de las cavidades resonantes de dos maneras: a) por un efecto sustractivo, atenuando determinados parciales y b) por un efecto multiplicativo, reforzando por resonancia ciertas frecuencias. Resulta así que los sonidos procedentes de la glotis, que contienen toda clase de frecuencias[57], son enriquecidos en unas y empobrecidos en otras, de modo que el resultado, que es la voz, contiene, con independencia de la frecuencia que corresponde al tono musical, otras frecuencias denominadas formantes que son características de la vocalización que se ejecuta en el momento.

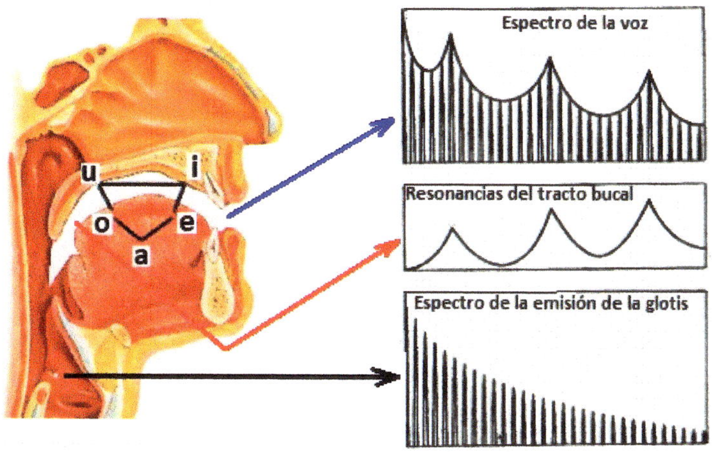

Figura 1. Esquema de la estructura y funcionamiento del órgano fonador humano.

---

[57] El sonido que produce la glotis es chicharreante, similar al del *kazoo* o el mirlitón usado en las chirigotas carnavalescas. Este sonido es propio del habla de las personas a las que se ha extirpado la laringe.

Por otro lado, la movilidad de las paredes del conducto bucal puede desplazar las frecuencias de los formantes y de alguna manera puede decirse que al hablar o cantar "masticamos" nuestra propia voz, es decir, las elevaciones y descensos de la glotis alargan y acortan la longitud del tracto bucal, el paladar blando se eleva, desciende e incluso vibra. Por su parte, la lengua es una masa muscular de extrema y rápida movilidad; se arquea hacia delante o hacia atrás, adopta forma plana, se apoya en los dientes o sobre el paladar anterior, etc. En cuanto a la mandíbula inferior y los labios también contribuyen con sus movimientos a la articulación de muchos de los sonidos propios del habla.

Básicamente, el sonido hablado se compone de dos elementos: los sonidos vocales y los consonantes. Los primeros son propiamente sonidos, caracterizados por el espectro continuo procedente de la glotis, modulado por las amplificaciones y atenuaciones de los órganos resonadores, según se esquematiza en la fig. 1. A su vez, las consonantes son el resultado de la articulación de los órganos móviles, fundamentalmente la lengua y los labios, los cuales hacen que el paso del aire sea explosivo (t, p, q), fricativo (f, v), gutural (k, g, j), labial (m, b), nasal (n), siseante (c, s), dental (d) o lingual (l). La superposición de estos sonidos a los de las vocales componen las sílabas y la composición de estas últimas forma las palabras. Los lingüistas se refieren a una serie de entre 12 y 21 sonidos vocales distintos en la lengua inglesa. Por el contrario, en la lengua castellana los sonidos vocales son solo cinco. La figura 2 muestra las posiciones del tracto bucal, correspondientes a cada una de las vocales castellanas, relacionándose en la tabla inferior las frecuencias de los tres primeros formantes para cada una de ellas.

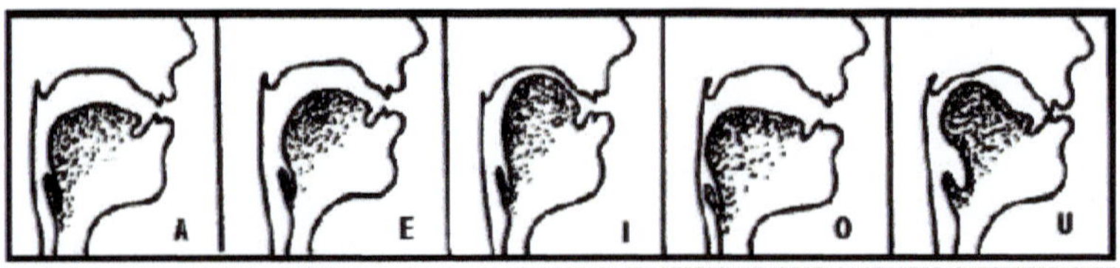

Formante	A	E	I	O	U
Primero	660	530	270	730	300
Segundo	1.270	1.840	2.290	1.090	870
Tercero	2.410	2.480	3.010	2.440	2.240

Figura 2. Postura del tracto bucal y formantes (Hz) principales de las cinco vocales castellanas.
MERINO, M. (----) *Las vibraciones de la Música.* Ed. Club Universitario. Granada.

En la voz cantada, a los formantes del habla se les añade la frecuencia fundamental o tonal *f* de la nota cantada y sus armónicos *2f, 3f, 4f* ..., responsables del timbre de esa nota musical.

Aplicaciones requeridas

Las aplicaciones de análisis espectral de sonidos se basan en el procedimiento teórico ideado por el físico francés Jean-Baptiste Joseph Fourier (1768-1830) denominado *Transformada rápida de Fourier (FFT)* que permite convertir una variación periódica no senoidal en suma ponderada de varias oscilaciones periódicas senoidales. La combinación de este método con la potencia de cálculo de los instrumentos informáticos ha posibilitado la aparición de aplicaciones muy eficaces para el análisis de los sonidos. A ello se ha de añadir la eficaz respuesta de los sensores microfónicos en un rango que va desde los 50 hasta los 12 000 Hz.

Existen multitud de aplicaciones para móviles que aprovechan las cualidades del micrófono, las posibilidades de cálculo de sus procesadores y la resolución y eficiencia de las pantallas. De todas ellas, puede que *Advanced Spectrum Pro* de Wojciech Czaplejewicz sea la mejor. Igualmente interesante para nuestros fines resulta la aplicación *Analizador de Espectro* del paquete *Physics Toolbox Suite.*

Modo de operar

Se trata de identificar qué grupos de frecuencias caracterizan a cada uno de los sonidos vocales del habla castellana. Por sonido vocal se entiende aquel cuya articulación se caracteriza por la ausencia de obstáculos a la salida del aire. En nuestro idioma son solo cinco: /a/, /e/, /i/, /o/ y /u/.

Para tal fin, recogeremos el sonido de cada uno de ellos y realizaremos el análisis espectral FFT mediante la aplicación *Advanced Spectrum Pro.*

Una de las características de un experimento bien diseñado es que todas aquellas variables cuya influencia en el resultado fuera nula, pudieran no interesar o que fueran irrelevantes, deben ser eliminadas. Se deben mantener, por tanto, aquellas que tienen incidencia en el fenómeno experimentado. Puesto que lo que pretendemos es estudiar los formantes de los sonidos vocales, hemos de eliminar todo conato de musicalidad en la voz y lo mejor para conseguirlo es grabar el sonido de las vocales susurrado. En estas condiciones, las cuerdas vocales no actúan ni vibran, de forma que el sonido que recoge el micrófono es el ruido blanco[58] que produce el aire al pasar por el órgano fonador modulado, eso sí, por sus cavidades resonantes.

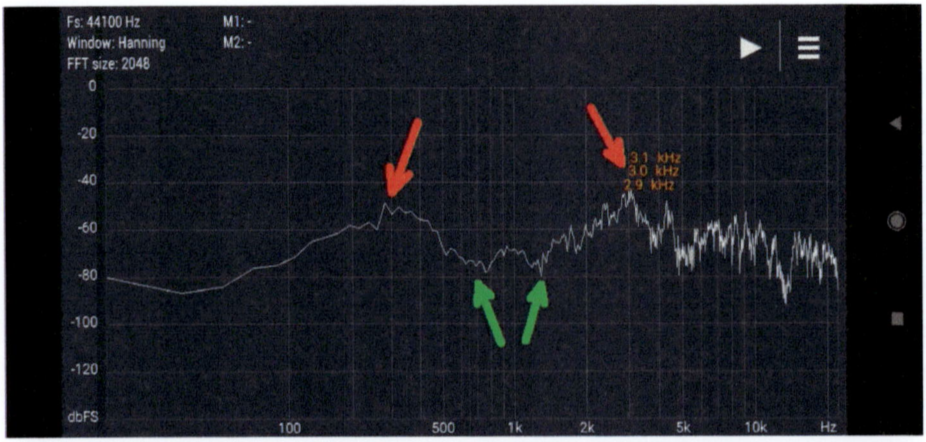

Figura 3. Análisis espectral del sonido /i/ del habla castellana realizado con *Spectrun Analyzer Pro*. En color rojo se señalan los formantes aditivos con frecuencias de 300 y 3 000 Hz y en color verde los formantes sustractivos en la banda de frecuencias comprendida entre 700 y 1 400 hz.

La grabación de los sonidos ha de hacerse en el ambiente más silencioso y anecoico[59] posible, lo más parecido a una sala de grabación. Se pretende con ello minimizar al máximo el ruido ambiental y las reverberaciones que enmascaran el fenómeno estudiado.

Bibliografía

MERINO, M. (2007) *Las vibraciones de la Música"* Ed. Club Universitario. Granada.

ROSSING, T., MOORE, F. y WHEELER, P. (2002) "The human voice" en *The Science of Sound* Part. IV.Addison Wesley Ed. New York.

ROSSING, T. ed. (2007) "The human voice in speech and singing" en *Handbook of Acoustics.* Part. E. Springer Ed.

58 Se llama así al ruido que contiene todas las frecuencias del espectro.

59 Carente de reflexiones y ecos.

VII.3 MEDIDA DE LA VELOCIDAD DEL SONIDO. INTERFERÓMETRO DE QUINCKE

Fundamento teórico

El sonido es una onda longitudinal, lo que significa que las partículas (moléculas) del medio transmisor, por regla general el aire, vibran en la misma dirección en que se propaga la onda. No así sucede con otras ondas materiales, como es el caso de las olas en la superficie de un líquido, en las que las vibraciones de las partículas son perpendiculares a la dirección de propagación de las ondas y por ello se las considera ondas transversales. La figura 1 muestra la naturaleza longitudinal de una onda acústica, generada por un altavoz, que vibra senoidalmente con frecuencia constante. Las vibraciones longitudinales de las partículas gaseosas determinan la sucesión de compresiones y expansiones alternativas que se propagan por el aire a la velocidad de 340 ms^{-1}.

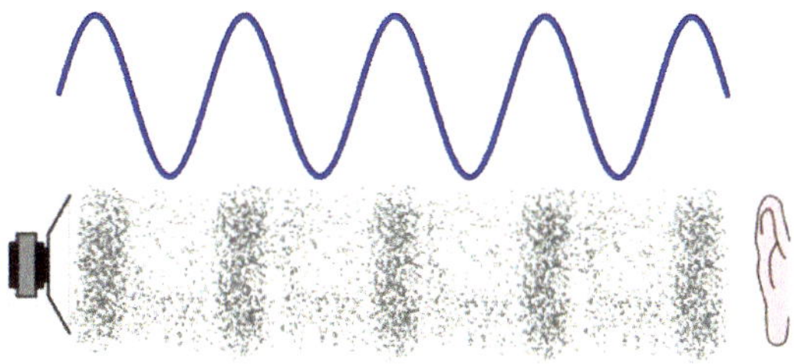

Figura 1. Comparación entre una onda acústica (longitudinal) y otra transversal de igual frecuencia.

La observación de la figura 1 permite establecer correspondencia entre las compresiones acústicas y las crestas de las ondas transversales; e igualmente lo podemos hacer con las expansiones acústicas y los valles de las ondas transversales. Esta correspondencia nos facilita mucho las cosas a la hora de hacer razonamientos con las ondas acústicas, ya que en lo sucesivo las representaremos gráficamente como si fueran transversales, aunque no lo son (y no lo debemos olvidar). Representar el sonido como curva senoidal es más intuitivo y facilita notablemente la comprensión de los fenómenos acústicos.

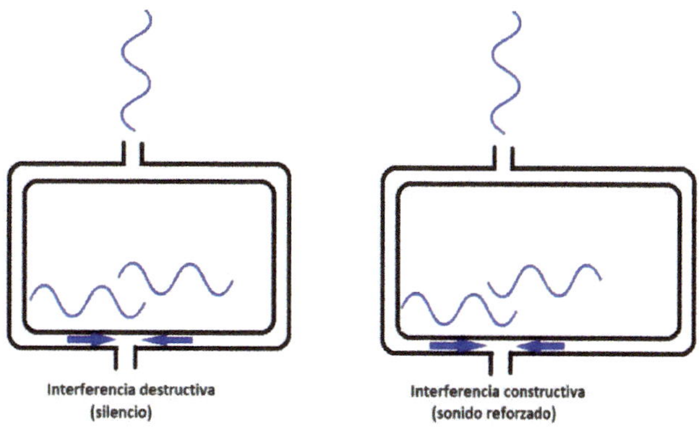

Figura. 2 La superposición de las ondas procedentes de cada lado del instrumento provoca la aparición de interferencias muy audibles.

Periféricos

El dispositivo experimental es el Interferómetro de Quincke, descrito en el punto II.3. Con él es posible determinar con bastante exactitud la longitud de onda del sonido senoidal puro introducido por la boca superior.

Como complemento esencial, usaremos una caja de madera, plástico o cartón de las dimensiones necesarias, forrada en su interior con una gruesa capa de gomaespuma o cualquier otro material de alta absorbancia acústica, dentro de la cual pondremos el teléfono que emitirá el sonido senoidal. La finalidad de este dispositivo es atenuar lo más posible el sonido que emite el teléfono, con objeto de que podamos percibir con claridad los altibajos de intensidad que se producen en la boca de salida del interferómetro. Las cajas de madera en las que vienen protegidas las botellas de vinos caros son ideales por sus dimensiones para la construcción de este dispositivo (Figura 3).

Aplicaciones requeridas

Para la generación de sonidos senoidales de frecuencia conocida utilizaremos la aplicación *Generador de tono* del paquete *Physics Toolbox Suite.* Su principal virtud es la sencillez de su interfaz y la posibilidad de variar la frecuencia mediante un cursor.

Modo de operar

Para obtener buenos resultados hemos de encerrar el teléfono que produce las ondas acústicas senoidales en una caja forrada en su interior de material absorbente. En el caso del montaje de la figura 3 se trata de una caja de madera de una botella de vino de marca forrada en su interior con tela de gomaespuma. Dicha caja tiene un orificio por el que se conecta a la entrada del interferómetro de Quince, cuya construcción se detalló en el punto II.4. La finalidad es atenuar lo máximo posible el sonido directo que nos llega desde el teléfono, de forma que nos sea posible escuchar con la mayor claridad los altibajos de intensidad causados por las interferencias en la salida de interferómetro.

La generación del sonido senoidal la haremos con la aplicación *Generador de Tono* de Physocs Toolbox Suite. La recomendamos porque permite variar cómodamente la frecuencia mediante un deslizador lineal situado en la pantalla.

Para nuestro trabajo elegiremos una frecuencia que esté entre los 4 y 5 KHz. Esas frecuencias son muy audibles por el oído y, por otro lado, su longitud de onda es lo suficientemente corta como para que se produzcan varias subidas y bajadas de intensidad a lo largo del desplazamiento del codo derecho.

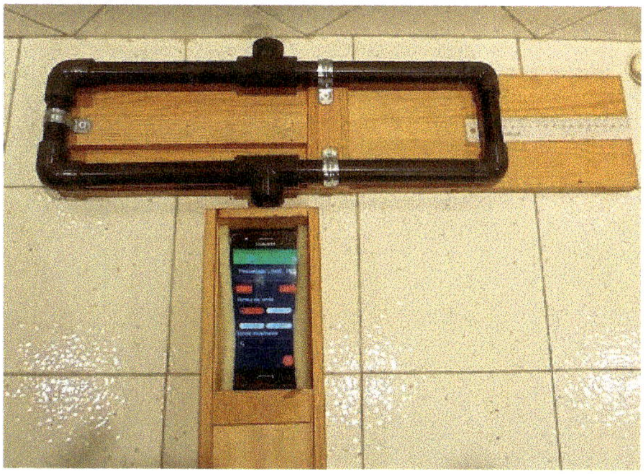

Figura 3. Dispositivo de medida de la velocidad del sonido por interferometría.

Una vez colocado el codo deslizante en la posición 0 y puesto en marcha el generador de tonos, cerraremos la caja. A continuación iremos desplazando lentamente el codo deslizante y tomaremos nota de las posiciones de este sobre la regla graduada para las interferencias constructivas y destructivas. En la figura 2 podemos apreciar que la variación del camino recorrido por la onda acústica desde que se produce una interferencia destructiva hasta que esta se vuelve constructiva es de una semilongitud de onda y, por tanto, el codo deslizante ha tenido que desplazarse la mitad, es decir, un cuarto de longitud de onda.

Así pues, la distancia entre las posiciones del codo para dos interferencias iguales y consecutivas (constructivas o destructivas) tiene que ser igual a una semilongitud de onda. De este modo podremos determinar la longitud de onda del sonido senoidal y, puesto que conocemos su frecuencia, podremos calcular su velocidad de propagación:

$$v = \lambda . f$$

Puede mejorarse el experimento con un segundo teléfono que actúe como medidor de la intensidad acústica por medio de la aplicación *Medidor de Sonido* de Physics Toolbox Suite o cualquier otra aplicación similar. De esta manera podremos afinar mucho mejor las posiciones en que se producen las distintas interferencias, lo que nos permitirá definir mejor el valor de la longitud de onda.

Bibliografía

FRANCO, A., (2015b), "Movimiento ondulatorio. Modos de vibración en tubos abiertos o cerrados". *Curso Interactivo de Física en Internet,* Disponible en línea http://www.sc.ehu.es/sbweb/fisica3/ondas/tubos/tubos.html

FRANCO, A., (2015c), "Movimiento ondulatorio. Medida de la velocidad de las ondas longitudinales". *Curso Interactivo de Física en Internet,* Disponible en línea http://www.sc.ehu.es/sbweb/fisica3/ondas/kundt/kundt.html

FRANCO, A., (2015d), "Movimiento ondulatorio. El resonador de Helmholtz". *Curso Interactivo de Física en Internet,* Disponible en línea. http://www.sc.ehu.es/sbweb/fisica3/ondas/botella/botella.html

VII.4 EFECTO DOPPLER. MEDIDA DE LA VELOCIDAD DE UN VEHÍCULO

Fundamento teórico

Corría el año 1842 cuando un físico austriaco, Christian Andreas Doppler (1803-1853), describió un fenómeno acústico que todos hemos percibido en numerosas ocasiones. Supongamos que nos hallamos en el medio de un viaducto peatonal que atraviesa por alto una autopista, en ese momento no pasa ningún vehículo y, a lo lejos, vemos un coche que se aproxima; el sonido de su motor nos parece muy agudo, y por ello tenemos conciencia de que el vehículo se aproxima a gran velocidad. Tras rebasar el viaducto, el coche se aleja rápidamente al tiempo que percibimos cómo el sonido de su motor se ha hecho más grave. Este efecto nos es tan familiar, y lo tenemos tan asumido, que incluso un ciego sería capaz de apreciar el paso del vehículo y la velocidad con que lo hace, tan sólo por la audición del sonido.

En la primera mitad del s. XIX estaban bien establecidas las leyes de propagación de las ondas materiales, así pues, Doppler combinó las ecuaciones de propagación de las ondas acústicas, tanto para el caso en el que el foco se moviera respecto del observador como para el caso en el que fuera el observador el que se moviera respecto del foco emisor. El resultado fue la ecuación:

$$f = f_o \frac{(v \pm v_r)}{(v \mp v_s)}$$

Donde $\boldsymbol{f}$ es la frecuencia del sonido percibido, $\boldsymbol{f_0}$ es la frecuencia que tendría el sonido si, tanto el foco emisor como el receptor, estuvieran en reposo, $\boldsymbol{v}$ es la velocidad del sonido en el aire, $\boldsymbol{v_r}$ es la velocidad del receptor y $\boldsymbol{v_s}$ es la velocidad del foco. Los dobles signos que aparecen en la ecuación se refieren a los casos en los que el receptor, el foco o ambos se aproximen (signos superiores) o que el receptor, el foco o ambos se alejen (signos inferiores). Si el foco y el receptor no se movieran, la fracción valdría la unidad y entonces sería $f = f_0$

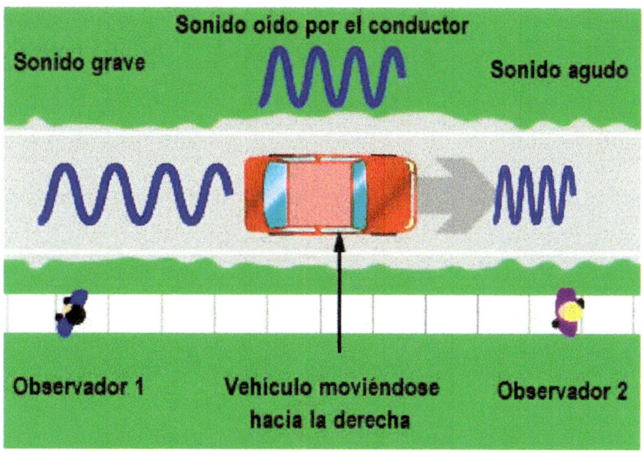

Figura 1. Efecto Doppler en una autopista.

En el caso que nos ocupa, el hecho de observar a pie firme, desde lo alto de un viaducto, el paso de un vehículo por debajo de nosotros supone que en la anterior ecuación $\boldsymbol{v_r}$=0 y que $\boldsymbol{v}$=340 ms^{-1}. Así pues, si llamamos $\boldsymbol{f_1}$ y $\boldsymbol{f_2}$ a las frecuencias aparentes respectivas en el acercamiento y el alejamiento del vehículo, la ecuación se transforma en:

$$v_s = v \; \frac{f_1 - f_2}{f_1 + f_2}$$

En consecuencia, basta con medir la frecuencia del sonido de un coche cuando se aproxima y la frecuencia de su sonido cuando se aleja para poder calcular su velocidad.

Aplicaciones requeridas

En este trabajo utilizaremos la aplicación AudioTime+ de Mobile Science que puede descargarse gratuitamente. La citada aplicación permite medir el tiempo transcurrido entre dos sonidos (ver el capítulo Aplicaciones), seleccionar el sonido del acercamiento y el del alejamiento y determinar sobre ellos la frecuencia dominante y su valor de pico.

Modo de operar

Todo lo que hay que hacer es grabar el sonido de un vehículo que pasa por debajo de nosotros, situados en un viaducto elevado de una autopista, desde que este se acerca hasta que se aleja. Sobre la grabación, seleccionaremos a la izquierda de la pantalla un intervalo que corresponda al acercamiento y determinaremos el pico de frecuencia dominante. En un segundo paso seleccionaremos un intervalo a la derecha de la pantalla que corresponda al sonido del alejamiento y determinaremos de nuevo el pico de frecuencia dominante. En uno y otro caso esa frecuencia debe ser la más intensa y debe corresponder a la frecuencia aparente más intensa en el acercamiento y en el alejamiento, respectivamente. De esta manera obtendremos los valores $\boldsymbol{f_1}$ y $\boldsymbol{f_2}$ que, llevados a la ecuación anterior, nos permitirán calcular la velocidad de paso del vehículo.

Bibliografía

FRANCO, A., (2015a), Movimiento ondulatorio. Efecto Doppler acústico. Curso Interactivo de Física en Internet, Disponible en línea.
http://www.sc.ehu.es/sbweb/fisica3/ondas/doppler/doppler.html

CAPÍTULO VIII

ÓPTICA

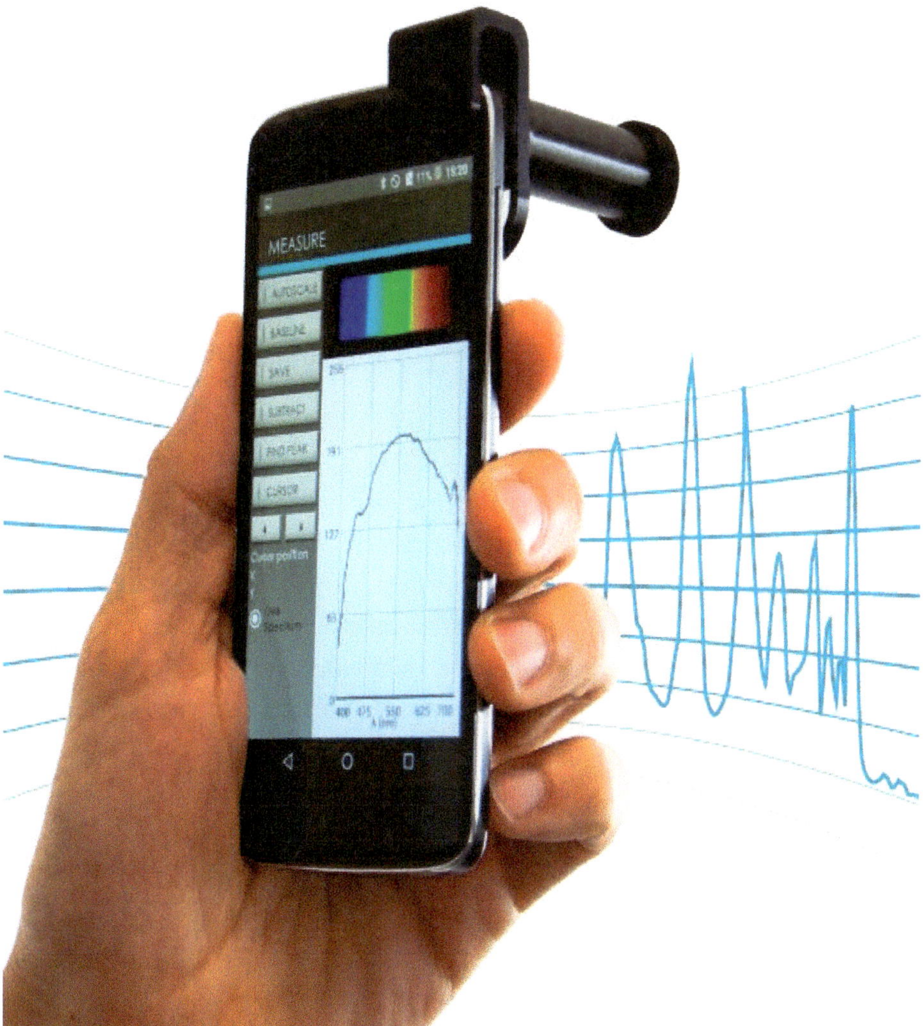

VIII.1 LEY DE BEER-LAMBERT

Fundamento teórico

La radiación solar está formada por la práctica totalidad de las frecuencias del espectro electromagnético, entre ellas las visibles y, por cuanto a estas últimas concierne, la suma de todas ellas genera en nuestro cerebro la sensación de color blanco. Por otro lado, las muchas y variadas sustancias que componen la materia interactúan con las radiaciones electromagnéticas y no reflejan por igual las radiaciones que inciden sobre ellas o, lo que es lo mismo, absorben ciertas frecuencias en mayor o menor medida. Ello depende de su estructura molecular.

Así pues, cuando la luz blanca incide sobre una sustancia y esta absorbe desigualmente las distintas frecuencias, la luz que emerge de ella está descompensada y genera en nuestro cerebro la sensación de color. Un cuerpo que no absorbiera ninguna frecuencia visible se nos mostrará blanco, si absorbiera la totalidad de las frecuencias lo veríamos negro, si absorbiera la frecuencia del rojo lo veríamos verde, su color complementario y por igual razón, si absorbiera la frecuencia del naranja lo veríamos azul y si absorbiera el amarillo su color sería el violeta. En general, podemos decir que el color de una sustancia es el complementario de las frecuencias visibles que absorbe.

Existe una estrecha relación entre la estructura de las moléculas y las radiaciones que estas absorben. El análisis de estas relaciones constituye una importante especialidad de la Química, llamada Espectroscopía, cuya finalidad es indagar sobre la estructura y las propiedades de las moléculas. A efectos prácticos, o bien se analiza la luz que emerge de una sustancia convenientemente excitada (por calentamiento o por descarga, bajo fuerte diferencia de potencial) en cuyo caso hablamos de una espectroscopía de emisión, o bien lo que se analiza es la luz que emerge de una sustancia, tras ser atravesada con luz blanca, en cuyo caso la espectroscopía es de absorción.

Ciñéndonos al segundo caso, lo habitual es iluminar con luz blanca una disolución de la sustancia objeto de estudio y determinar en la luz emergente qué frecuencias se han visto disminuidas y en qué medida. La representación gráfica de ese resultado se llama *espectro de absorción*.

Supongamos ahora que tenemos una sustancia que absorbe selectivamente la frecuencia del violeta y que disponemos una disolución de concentración molar **c** de esa sustancia en el interior de una vasija de paredes totalmente transparentes, siendo **l** la longitud (en cm) que recorre la luz al atravesar la disolución. Esa sustancia tiene un poder absorbente sobre el violeta que viene cuantificado por un parámetro **ε** llamado coeficiente de absorción molar[60]. El sentido común invita a pensar que la disminución que sufrirá la intensidad de la luz violeta al atravesar la disolución debe ser proporcional a su concentración y al ancho de la vasija que la contiene.

La relación entre la intensidad lumínica emergente e incidente se relaciona con los parámetros antes citados conforme a una regla logarítmica conocida como *Ley de Beer-Lambert.*

$$\log\frac{I}{I_0} = -\epsilon c l$$

Donde I e I_0 son la intensidad emergente e incidente y el producto $\varepsilon c l$ se denomina *absorbancia* **A** de la muestra.

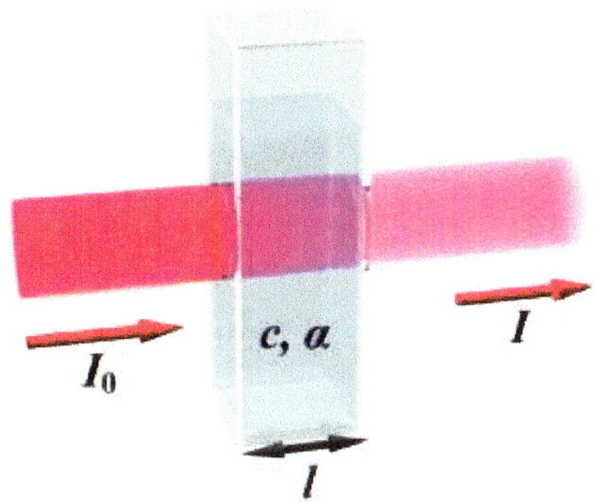

Figura 1.

Estamos pues, ante un proceso en el que no hay proporcionalidad lineal entre el efecto (la relación de intensidades lumínicas) y la causa (la naturaleza de la sustancia y su concentración). Si una sustancia no absorbiera, entonces I e I_0 serían iguales y la absorbancia sería nula. Si la sustancia absorbiera de forma que $I_0 = 100\ I$ entonces la absorbancia sería 2, si la intensidad se decrementara mil veces, la absorbancia sería 3, etc.

Todo ello ofrece la posibilidad de medir la concentración de una sustancia en disolución si se conoce su coeficiente de absorción molar y se miden las intensidades I e I_0. La técnica se llama *Colorimetría,* y sobre esta técnica versa nuestro trabajo experimental.

Las disoluciones de sustancias que vemos con color, cuando son atravesadas por luz blanca, deben su color al hecho de que esas sustancias absorben ciertas fre-

60 Se define como la absorbancia de una disolución 1 molar de esa sustancia, contenida en una cubeta de 1 cm de recorrido para la luz.

cuencias del espectro visible conforme prevé la Ley de Beer-Lambert. La luz que emerge, tras atravesar la sustancia, está descompensada y, como resultado, el color que vemos es el complementario del absorbido.

Las Teorías del Color explican los resultados de la superposición de los colores y permiten predecir los tonos resultantes. Dichas teorías establecen la existencia de tres colores primarios que no se pueden conseguir por mezcla de otros colores y a partir de los cuales se pueden conseguir todos los demás. El modelo tradicional vigente desde el s. XVII (figura 2), atribuye carácter primario a los colores rojo (*Red*), amarillo (*Yellow*) y azul (*Blue*). La superposición de los tres a partes iguales origina el blanco y la adición de dos de ellos al 50 % da lugar a los colores secundarios naranja, verde y violeta.

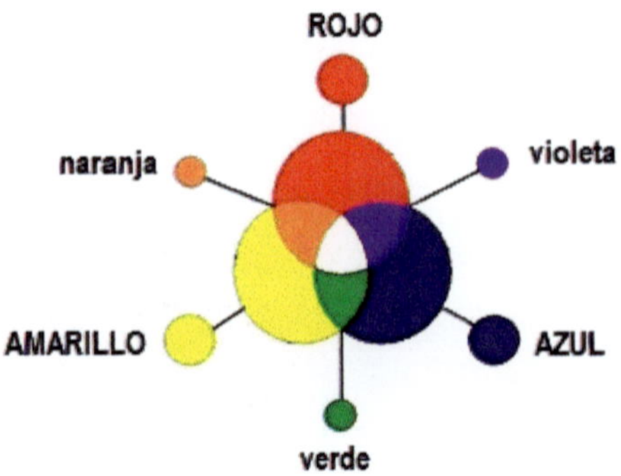

Figura 2. Modelo RYB del color.

Actualmente, el modelo anterior está en desuso y ha sido suplantado por el modelo RGB en el que los colores primarios son el rojo, el verde y el azul. Este sistema de tricromía es el utilizado en las pantallas de ordenadores, televisores y smartphones. Cada píxel contiene tres minúsculos fotodiodos, uno de cada color primario, y con su adición en proporciones convenientemente controladas, se pueden obtener todos los colores restantes.

La adjudicación del carácter primario a los colores rojo, verde y azul resulta ventajosa respecto de la anterior por ajustarse más a la conformación de las células fotosensibles de la retina, responsables últimas de la sensación cerebral del color.

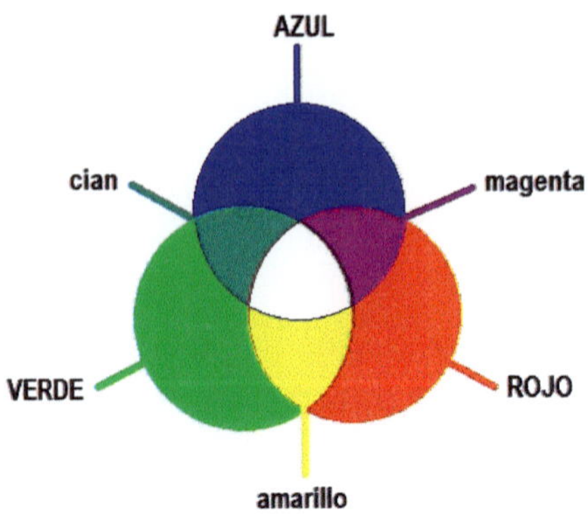

Figura 3. Modelo RGB del color.

En ambos modelos, los colores complementarios son los que se encuentran situados en posición diametralmente opuesta en las figuras 2 y 3, así, en el modelo RGB, el complementario del azul es el amarillo, el complementario del magenta es el verde, etc. Por tanto, si una disolución de sulfato cúprico tiene un intenso color azul es porque esa sustancia absorbe intensamente las frecuencias correspondientes al amarillo, su complementario.

Montaje experimental

El dispositivo experimental que utilizaremos consta de tres elementos: una fuente de luz, una vasija transparente e incolora que contendrá la disolución de la sustancia objeto de estudio y un medidor de la intensidad luminosa emergente.

Puesto que lo que se pretende es comprobar experimentalmente la Ley de Beer-Lambert, hemos de elegir, de entre las muchas posibles, una sustancia coloreada intensamente que proporcione una disolución transparente (sulfato cúprico, cúrcuma, tintes diversos, etc.). Algunas sustancias dan disoluciones más transparentes si se las disuelve en una mezcla hidroalcohólica.

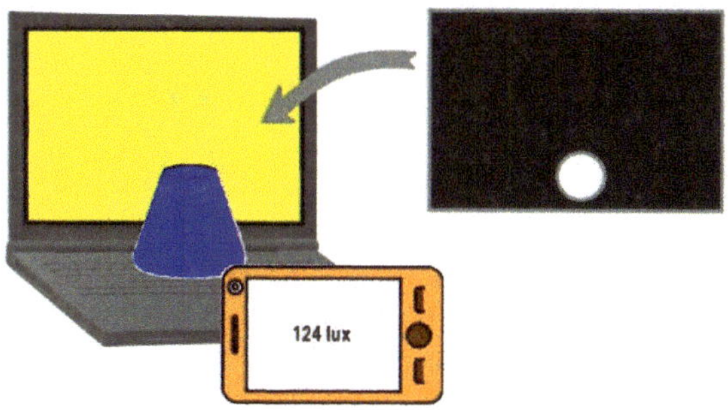

Figura 4. Dispositivo para experimentar sobre la Ley de Beer-Lambert.

Ya que lo que se pretende es estudiar la relación que existe entre el poder absorbente y la concentración de la disolución, lo ideal no es utilizar luz blanca sino una luz que contenga aquellos colores que la sustancia absorbe, y estos no son otros que los complementarios de los existentes en la luz emergente. Para conseguir esta luz recurriremos a un ordenador o tableta equipada con un software que permita sintetizar colores a partir de sus parámetros RGB.

Colocaremos la vasija con la disolución delante de la pantalla y, con ayuda del celular equipado con una aplicación medidora de la intensidad lumínica, mediremos la intensidad de la luz emergente. Es muy necesario colocar entre la pantalla del ordenador y la vasija una lámina opaca de cartulina o cartón (figura 4) en la que se ha recortado un orificio. Se pretende asegurar así que la única luz que midamos sea la que atraviesa la disolución. Por igual motivo es aconsejable experimentar en una habitación oscura.

Aplicaciones

Para analizar el color de la disolución emplearemos la aplicación "Color Grab", de sencillo manejo, que utiliza los sensores de la cámara para determinar los parámetros RGB. Resulta igualmente útil la aplicación "Color" del paquete Herramientas Inteligentes.

Para generar la luz utilizaremos la aplicación Paint, perteneciente al paquete "Accesorios de Windows". Esta sencilla aplicación, presente en todos los ordenadores, permite generar cualquier color a partir de sus parámetros RGB y teñir la totalidad de la pantalla con ese color. Basta pulsar el botón "Editar colores", que se encuentra en el lado derecho del menú "inicio", y se abrirá el cuadro en cuya esquina inferior derecha están las ventanas en las que podremos insertar los parámetros RGB del color deseado.

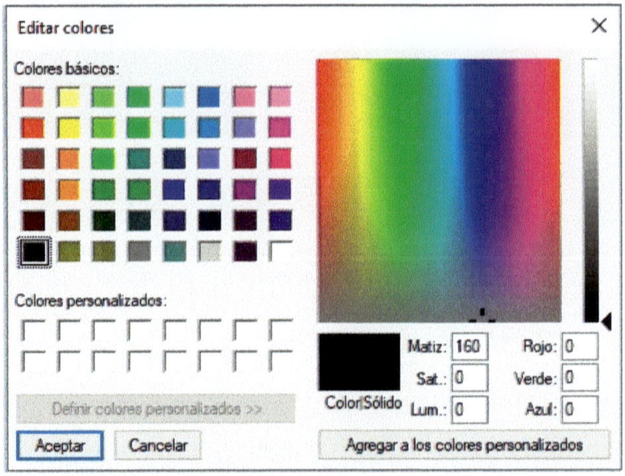

Figura 5. Cuadro de edición del color de la aplicación Paint.

Para medir la intensidad de la luz utilizaremos el sensor de iluminación ambiente del teléfono inteligente a través de la aplicación "Sensor de luz" del paquete Physics Toolbox Suite. Son igualmente útiles "Lux" del paquete Herramientas Inteligentes o la aplicación "Luz" del paquete Phybox entre las muchas existentes. Puesto que el sensor se encuentra en lo alto de la pantalla, junto a la cámara de selfies, será preciso colocar el teléfono con su pantalla mirando hacia la pantalla del ordenador.

Modo de operar

Una vez elegida la sustancia coloreada, prepararemos una disolución concentrada de la misma con objeto de que su color sea lo más intenso posible. Iluminándola con luz blanca, a ser posible solar, determinaremos los parámetros R_1, G_1, B_1 de su color.

Para sintetizar la luz con la que trabajaremos, hemos de obtener el color complementario al de la disolución. Puesto que la escala RGB va desde 0 hasta 255, los parámetros del complementario serán:

$$R_2=255-R_1 ; G_2=255-G_1 ; B_2=255-B_1$$

Estos valores los introduciremos en las ventanas del cuadro "Editar colores" de Paint y con ese color llenaremos la pantalla, que servirá como fuente luminosa.

A continuación colocaremos la pantalla opaca sobre el teclado y luego colocaremos el recipiente completamente lleno con la disolución concentrada **c**, justo delante del orificio asegurándonos de que la luz que llegue al teléfono sea únicamente la que atravesó la disolución. Finalmente, mediremos la intensidad lumínica $\mathbf{I_1}$.

En un segundo experimento, vaciaremos el recipiente hasta su mitad y repondremos el volumen original añadiendo agua. De esta forma, la concentración pasará a ser **c/2**. Mediremos de nuevo la intensidad lumínica $\mathbf{I_2}$. En un tercer experimento volveremos a vaciar la mitad del volumen y restituiremos de nuevo con agua, obteniendo la concentración **c/4** y tras ello, mediremos la nueva intensidad lumínica $\mathbf{I_3}$ y así sucesivamente. De esta manera podremos obtener una serie de parejas de valores concentración vs intensidad luminosa

Bibliografía

CAMPOS, A. R., KNUTSON, C.M., KNUTSON, T. R., MOZZETTI, A. R., HAYNES, C.L. and PENN, R. L. (2015) "Quantifying gold nanoparticle concentration in a dietary supplement using smartphone colorimetry and google applications" *J. Chem. Educ.* 93, pp. 318–21.

DANGKULWANICH, M., KONGNITHIGARN, K. and AURNOPPAKHUN, N. (2018) "Colorimetric Measurements of Amylase Activity: Improved Accuracy and Efficiency with a Smartphone". *J. Chem. Educ.* 95 141–5

IRWANSYAH, F. S., SUSILAWATI, I., FITRIYATI, I, FARIDA, I, NURYADIN, B. W. y RAMDHANI, M. A. (2018) "An approach to determine the concentration of coloured solution using android smartphones", *IOP Publishing: Materials Science and Engineering*, 434 https://www.researchgate.net/publication/329373202_An_approach_to_determine_the_concentration_of_coloured_solution_using_android_smartphones

KUNTZLEMAN, T. S. and JACOBSON, E. C. (2016) "Teaching Beer's law and absorption spectrophotometry with a smart phone: a substantially simplified protocol" *J. Chem. Educ.* 93 1249–52

MONTANGERO, M., BENGTSSON, D., GAJDOSNÉ, S., LOS, M. y JÓNÁS, L. (2015) "Smartphones in the lab: how deep is your blue?" *Science in the school,* 33, pp. 38-41

smartphones.pdf (scienceinschool.org)

MONTANGERO, M. (2015) "Determining the amount of copper (II) ions in a solution using a Smartphone". *J. Chem. Educ.* 92 1759–62

MORAES, E. P., DA SILVA, N. S., de MORAIS, C. D. L., NEVES, L. S. D. and LIMA, K. M. D. (2014) "Low-cost method for quantifying sodium in coconut water and seawater for the undergraduate analytical chemistry laboratory: flame test, a mobile phone camera, and image processing". *J. Chem. Educ.* 91, pp. 1958–60

ROBERSON, J. H. and HAGEVIK, R. A. (2008) "Cell Phones for Education" *Meridian A Middle Sch. Comput. Technol. J.* 11

YOU TUBE – GOOGLE "Tutorial de la app COLOR GRAB para alimentos" https://youtu.be/LO1mZu-VlpY

ZAO, Y. & SHENG, Y. (2022) *Use of Smartphones in Optical Experimentation.* SPIE e-Books https://www.spiedigitallibrary.org/ebooks/?SSO=1

VIII.2 POLARIZACIÓN DE LA LUZ (LEY DE MALUS)

Fundamentos teóricos

En pleno s. XVII Cristian Huygens caracterizó las ondas materiales y descubrió las leyes físicas que rigen su comportamiento. Siglo y medio después A. Fresnel, T. Young, J. Fraunhofer y E. Malus estudiaron cada uno por separado las propiedades que evidencian el carácter ondulatorio de la luz, tales como las interferencias, la difracción y la polarización. Finalmente, desde que J. C. Maxwell elaboró la Teoría Electromagnética que explica teóricamente los descubrimientos de sus predecesores, la ciencia considera la luz visible como una pequeña parte del espectro global de las ondas electromagnéticas en el que se encuentran las ondas radiofónicas, las microondas, las infrarrojas, las ultravioletas, los rayos X y los rayos gamma.

La luz que emite un cuerpo incandescente (filamento de una lámpara, un metal a más de 800 grados, lava volcánica, el sol o las estrellas) es una onda electromagnética transversal debido a que las variaciones periódicas del campo eléctrico y el magnético son perpendiculares a la dirección de propagación (Figura 1). Las vibraciones transversales del campo electromagnético se dirigen por igual en todas las direcciones posibles.

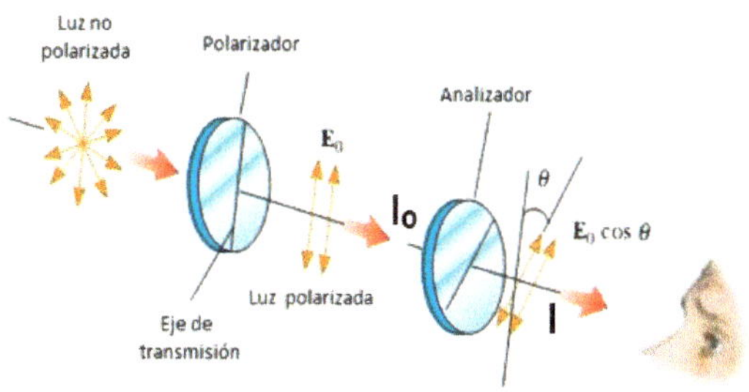

Figura 2 Experimento de Malus.

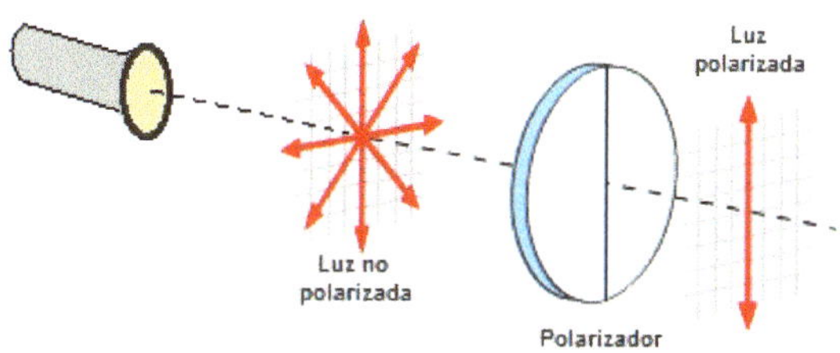

Figura 1. Luz no polarizada emitida por una linterna y polarización de la misma al atravesar una lámina polaroide.

Existen ciertos materiales trasparentes que, al ser atravesados por la luz, prohíben en mayor o menor medida todas las direcciones de vibración, menos una[61]. La luz que emerge se llama *luz polarizada*.

---

61 Tal es el caso del espato de Islandia, una variedad de la calcita o de la cordierita, silicato natural de hierro, magnesio y aluminio.

En los primeros años del s. XIX Etiénne-Louis Malus (1775-1812) experimentó con la luz polarizada. Comprobó que al colocar dos láminas polaroides con sus direcciones de polarización paralelas, la luz pasa sin dificultad alguna y que al girar 90^0 una de ellas, el paso de luz se interrumpe.

Realizó medidas fotométricas que le permitieron comprobar que la intensidad luminosa de la luz polarizada que atraviesa el segundo polarizador (analizador) es proporcional al cuadrado del coseno del ángulo que forman las direcciones de los dos polarizadores (Figura 2), es decir:

$$I = I_0 \, cos^2\theta$$

Diseño experimental

Puesto que la fuente de luz polarizada será la pantalla de un ordenador, cargaremos este con Paint. Por regla general, la experimentación con luz polarizada se hace con luz amarilla procedente de una lámpara de sodio (de longitud de onda 589 nm) así que simularemos esa fuente luminosa tiñendo la pantalla de color amarillo puro.

Para comprobar experimentalmente la ley de Malus usaremos una pequeña lámina polarizadora[62] que colocaremos sobre el sensor de luz del smartphone. Así, el teléfono inteligente equipado con una aplicación clinométrica funcionará como un analizador polarimétrico. Si es posible conocer la dirección del polaroide, colocaremos este en vertical, de manera que al enfrentar el teléfono a la pantalla del ordenador no veamos luz.

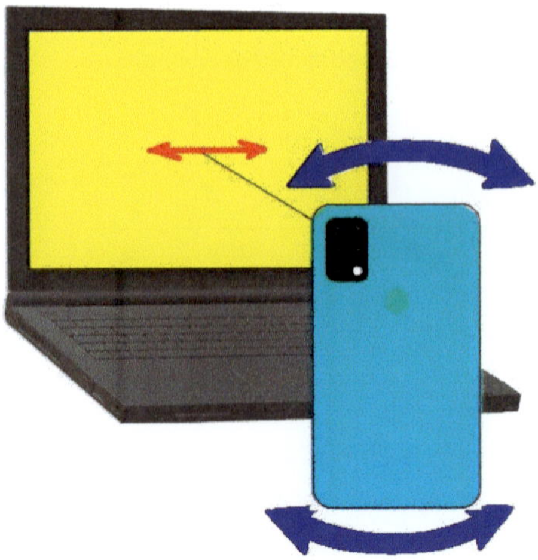

Figura 3. Dispositivo experimental para la comprobación de la Ley de Malus.

De entre las diversas aplicaciones disponibles, recomiendo la aplicación *Nivel* del paquete *Herramientas Inteligentes*. Para ponerla en marcha es preciso pulsar el botón "Nivel" que se encuentra en la pantalla principal de Herramientas Inteligentes y una vez que estamos en

[62] Puede adquirirse por un precio no superior a 2 euros.

la pantalla "Nivel" seleccionaremos "Nivel Láser" en el botón inferior de la pantalla. En ese momento es posible ver a través de la cámara al tiempo que se miden los ángulos de inclinación. Otra aplicación muy recomendable es *Dioptra,* una herramienta de cámara gratuita para medir ángulos.

Modo de operar

Para teñir de amarillo puro la pantalla del ordenador que nos servirá como fuente de luz monocromática polarizada, abriremos Paint, accederemos a la pantalla Editar colores y en las ventanas de los colores primarios insertaremos 255 en el rojo, 255 en verde y 0 en azul.

Habilitaremos el teléfono inteligente como analizador polarimétrico tapando el sensor de luz del teléfono[63] con una lámina polarizadora, a ser posible, con su eje de polarización en posición vertical. Como software medidor de ángulos utilizaremos *Nivel* de Herramientas inteligentes o *Clinómetro* del paquete Physics Toolbox Suite ya mencionadas o cualquier otra que permita medir ángulos.

El sensor de luz de los teléfonos es más un medidor de luz ambiental reflejada que un medidor de luz directa. Mide por tanto la luz que llega en muchas direcciones. Por este motivo es preciso experimentar en habitación oscura, para asegurar que el teléfono capte tan solo la luz que llega directamente de la pantalla del ordenador.

Una vez arrancadas las aplicaciones de medición de ángulos y medición de intensidades luminosas, colocaremos el teléfono frente a la pantalla del ordenador según se indica en la figura 2. Tras abrir la pantalla de la aplicación luxmétrica, giraremos el teléfono hasta conseguir que la intensidad luminosa medida sea mínima. En estas condiciones el eje de la lámina polarizadora formará un ángulo de 90° con el plano de polarización de la luz. Tomaremos nota de la medida de intensidad luminosa. Luego, sin mover el teléfono, abriremos la pantalla de la aplicación clinométrica y tomaremos nota del ángulo.

En un segundo paso giraremos ligeramente el teléfono y mediremos de igual manera la nueva intensidad luminosa (que ahora será mayor) y el nuevo ángulo, y así sucesivamente iremos tomando varias parejas de valores Intensidad luminosa/ángulo. Con los valores experimentales obtenidos construiremos una tabla:

---

63 Se encuentra junto a la cámara delantera que utilizamos en los videochats y para hacer selfies.

I (lux)	α	cos α	$\cos^2\alpha$	$I/\cos^2\alpha$
I_1	α_1	$\cos\alpha_1$	$\cos^2\alpha_1$	$I_1/\cos^2\alpha_1$
I_2	α_2	$\cos\alpha_2$	$\cos^2\alpha_2$	$I_2/\cos^2\alpha_2$
I_3	α_3	$\cos\alpha_3$	$\cos^2\alpha_3$	$I_3/\cos^2\alpha_3$

La igualdad de los valores calculados que aparecen en la columna derecha de la tabla es la confirmación del cumplimiento de la Ley de Malus.

También podremos representar gráficamente los valores de la intensidad lumínica en función de los cuadrados de los cosenos de los ángulos. En ese caso, los puntos obtenidos deben alinearse según una recta de pendiente negativa.

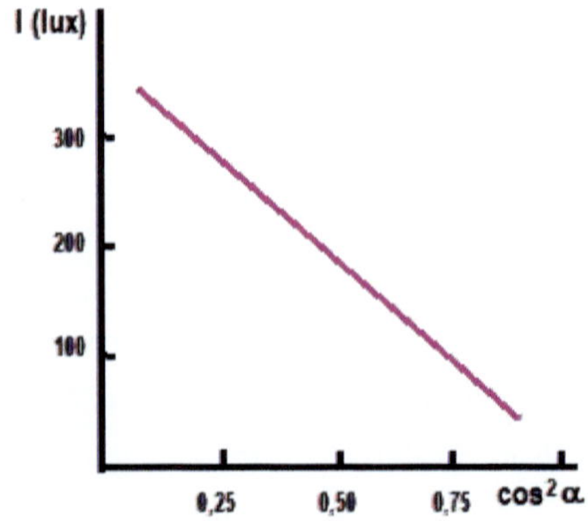

Figura 4. Comprobación gráfica de la Ley de Malus.

Bibliografía

GARCÍA, E. "Aplicación de la polarimetría a la determinación de la pureza de un azúcar" Univ. Pol. Valencia.

MONTERIRO, M., STARI, C., CABEZA, C. y MARTÍ, A. (2017) "The polarization of light and the Malus' law using smartphones" *The Physics Teacher.*

ZAO, Y. & SHENG, Y. (2022) *Use of Smartphones in Optical Experimentation.* SPIE e-Books https://www.spiedigitallibrary.org/ebooks/?SSO=1

VIII.3 ACTIVIDAD ÓPTICA Y POLARIMETRÍA

Fundamentos teóricos

Existen ciertos minerales naturales, como la turmalina, el espato de Islandia, la cordierita, etc. que tienen la curiosa propiedad de la *birrefringencia* o *doble refracción,* una propiedad óptica que consiste en desdoblar un rayo de luz incidente en dos rayos linealmente polarizados de manera perpendicular entre sí como si el material tuviera dos índices de refracción distintos: la primera de las dos direcciones sigue las leyes normales de la refracción y se llama *rayo ordinario*; la otra tiene una velocidad y un índice de refracción variables y se llama *rayo extraordinario*. Ambas ondas están polarizadas perpendicularmente entre sí.

Hay, a su vez, muchas sustancias orgánicas que son capaces de girar el plano de la luz polarizada que las atraviesa (Figura 1). Esta propiedad, denominada *actividad óptica*, está intrínsecamente vinculada a la presencia en la molécula de un átomo de carbono, llamado *asimétrico*, por estar unido a cuatro grupos distintos.

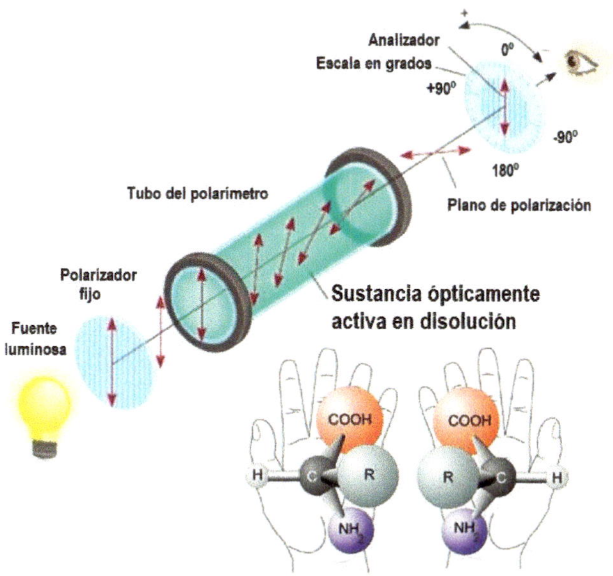

Figura 1. Esquema de la técnica polarimétrica.

Al atravesar la luz polarizada una disolución de una sustancia ópticamente activa, se produce un giro del plano de polarización que es proporcional a la concentración ***c*** de esa disolución y a la longitud ***l*** recorrida por la luz polarizada, es decir:

$$\alpha = \alpha_{\lambda}^{T}.c.l$$

Donde α_{λ}^{T} es el coeficiente de rotación específica de esa sustancia. Nótese que este parámetro varía para cada longitud de onda y depende de la temperatura.

El análisis polarimétrico de este tipo de sustancias, esquematizado en la figura 1, arroja interesantes datos para el estudio de su estructura molecular.

Diseño experimental

Para experimentar sobre el poder rotatorio de algunas sustancias orgánicas ópticamente activas es preciso poner entre la pantalla del ordenador y la cubeta de la disolución un cartón con un orificio y hacer el experimento en habitación oscura, para asegurar así que las medidas fotométricas se deban tan solo a la luz que atraviesa la disolución y no otra (Figura 2).

Puesto que el poder rotatorio de las sustancias ópticamente activas depende de la longitud de onda de la luz, lo habitual en polarimetría es utilizar luz de lámpara de sodio de 589 nm, fijando la temperatura a 20° C. Puede simularse la luz del sodio mediante la aplicación de dibujo Paint, presente en todos los ordenadores, accediendo al menú "Editar colores" e insertando en las ventanas de los colores primarios los valores: 255-rojo, 255-verde y 0-azul.

Interesa que la cubeta tenga suficiente anchura como para que el recorrido de la luz a través de la disolución sea máximo. A ser posible, la geometría de la cubeta debería ser prismática y sus paredes laterales forradas de lámina de aluminio de cocina para minimizar así los efectos adversos de la difusión de la luz.

Colocaremos sobre el objetivo de la cámara del teléfono una lámina polarizadora con su eje de polarización lo más vertical posible y activaremos la aplicación *Nivel láser* del paquete "Herramientas inteligentes" o la aplicación *Dioptra* o cualquier otra que permita medir ángulos a través de la cámara fotográfica. Es importante asegurar que el objetivo de la cámara se encuentre en línea con la dirección de la luz.

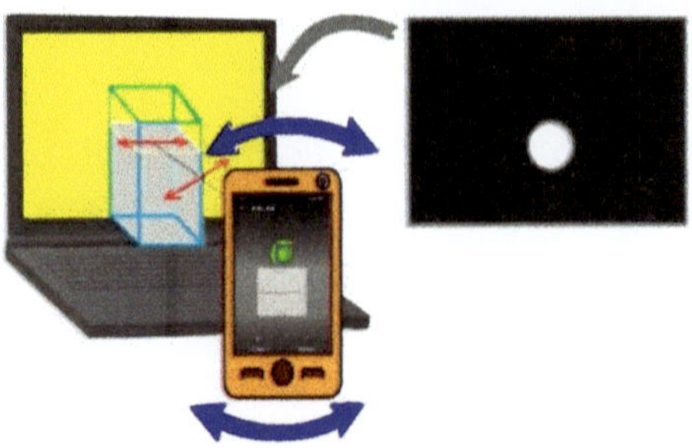

Figura 2. Dispositivo para experimentar con el poder rotatorio de algunas sustancias orgánicas.

Modo de operar

Nuestro trabajo consistirá en observar la rotación del plano de la luz amarilla polarizada al atravesar disoluciones a diferentes concentraciones de azúcar en agua. El azúcar doméstico es esencialmente sacarosa, siendo su coeficiente de rotación para la luz del sodio, a 20°C, +66,5° $l.mol^{-1}.cm^{-1}$.

En el primer experimento tendremos la vasija vacía y giraremos el teléfono hasta que se oscurezca al máximo la pantalla. Entonces tomaremos nota del valor del ángulo con la horizontal y tendremos así un calibrado del teléfono como analizador polarimétrico.

En un segundo paso, llenaremos la cubeta con una disolución concentrada de azúcar (sacarosa) y repetiremos el experimento tomando nota del nuevo ángulo para el que la pantalla se oscurece.

En un tercer paso vaciaremos la cubeta a la mitad y repondremos con agua el volumen inicial. De esta forma habremos reducido la concentración en un 50%. Determinaremos el nuevo ángulo. Así, sucesivamente, determinaremos los ángulos a concentraciones **c, c/2, c/4, c/8, ...**

Con los datos experimentales construiremos el cuadro:

Concentración (mol/l)	0,5	0,25	0,125	0,062
Ángulo	α_1	α_2	α_3	α_4
	$0{,}5/\alpha_1$	$0{,}25/\alpha_2$	$0{,}125/\alpha_3$	$0{,}062/\alpha_4$

Teóricamente, los cocientes de la fila inferior de la tabla deben ser iguales, errores experimentales aparte. Si dividimos la media aritmética de esos cocientes por la longitud recorrida por la luz, en centímetros, tendremos el valor del coeficiente de rotación específica de la sacarosa.

Bibliografía

FAKHRUDDIN, H. (2008). "Some Activities with Polarized Light from a Laptop LCD Screen," *The Physics Teacher*, 46(4), 229-231

GOTTIEB, H. (1980). "The law of Malus using polaroid polarizers," *The Physics Teacher*, 18(8), 612-614.

LARISSA VERTCHENKO, LEV VERTCHENKO (2016). "Verification of Malus's Law using a LCD monitor and Digital Photography," *Revista Brasileira de Ensino de Física*, 38(3), e3311.

MONTEIRO, M., STARI, C., CABEZA, C. y MARTÍ, A. (2017) "The Polarization of Light and Malus' Law Using Smartphones" *The Physics Teacher.* May,

SANFORD C. GLADDEN (1950). "An Experiment on Malus' Law for the Elementary Laboratory," *American Journal of Physics* 18(6), 395.

ZAO, Y. & SHENG, Y. (2022) *Use of Smartphones in Optical Experimentation.* SPIE e-Books https://www.spiedigitallibrary.org/ebooks/?SSO=1

VIII.4 ESPECTROFOTOMETRÍA

Este proyecto propone adentrarse en el mundo de la espectrofotometría con la ayuda de nuestro móvil inteligente, convertido en un analizador de luz visible.

Fundamento teórico

La radiación electromagnética, ya sea microondas, infrarroja, luz visible, radiación ultravioleta, rayos X o rayos γ es una forma de energía que se transmite por el espacio vacío o a través de los materiales a altísima velocidad[64]. Emitida por estrellas y galaxias en enormes cantidades, es la más abundante forma de energía existente en el Cosmos.

La energía electromagnética es emitida y absorbida por la materia, y también se propaga, en forma cuantizada, esto es, en forma de dosis llamadas *quantos.* El tamaño de estas dosis o *quantos* varía según sea la frecuencia de la radiación, siendo proporcional a ella, conforme predice la ley descubierta por Max Planck:

$$E=h.\nu$$

En la que ν es la frecuencia en hertzios de la radiación y h es una constante de proporcionalidad conocida como *constante de Planck* cuyo valor, $6{,}63.10^{-34}$ J.s, puede determinarse experimentalmente. Así, el contenido energético de un *quanto* de radiación γ procedente de un material radioactivo es inmensamente mayor que un *quanto* de radiación microondas procedente del horno de nuestra cocina.

Por otro lado, la materia está formada por átomos diversos unidos en proporciones y geometrías estrictamente definidas, conformando las moléculas de las diversas sustancias puras. Tanto los átomos como las moléculas tienen modos de vibración muy definidos; en el caso de los átomos son los electrones corticales los que pueden saltar de un nivel energético a otro y en el caso de las moléculas, estas pueden flexionarse, encogerse y estirarse o rotar. Para entender esto último debemos tener en cuenta que los átomos constituyentes de una molécula no están "soldados" unos a otros sino situados a ciertas distancias que llamamos *longitud de enlace* en posiciones de equilibrio determinadas por las fuerzas electrostáticas atractivas y repulsivas que se dan entre ellos. Las moléculas, por tanto, no son cuerpos rígidos.

---

64 En el vacío lo hacen a 3.10^9 $m.s^{-1}$, la máxima velocidad posible.

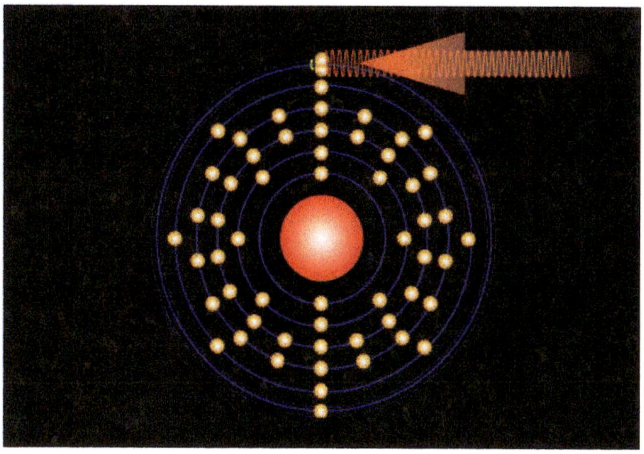

Figura 1. El electrón solitario del átomo de cesio está casi libre y es capaz de saltar entre dos niveles cuánticos, energéticamente muy próximos. La frecuencia con que se producen estas transiciones es extremadamente estable: 9.192.631.770 veces por segundo.

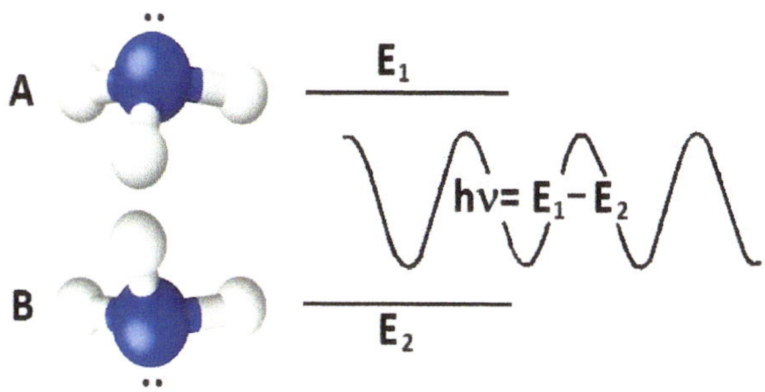

Figura 2. La estructura piramidal de la molécula de amoníaco es causa de que, al ser excitada por una radiación del rango de las microondas, esta experimente transiciones entre las formas A y B, reemitiendo la misma frecuencia con absoluta estabilidad: $2{,}387013.10^{10}$ Hz.

Pues bien, si consideramos la materia (átomos y moléculas) como conjunto de entes que, por las razones que acabamos de ver, vibran con frecuencias propias podremos intuir que las radiaciones electromagnéticas interactuarán con los átomos y las moléculas, siempre y cuando la frecuencia de la radiación coincida con alguna de las frecuencias de vibración propias del átomo o molécula afectada.

Las figuras 1 y 2 muestran la interacción de fotones del rango de las microondas con un átomo de cesio-133 y con una molécula de amoníaco[65]. En el primer caso es el electrón más externo el que salta de un nivel energético a otro ligeramente superior, y lo hace con una frecuencia extremadamente precisa de $9{,}192631770.\ 10^9$ Hz. Eso significa que el átomo de cesio-133 resuena al ser irradiado con microondas de esa misma frecuencia. De forma análoga la molécula de amoníaco, con forma piramidal, vibra invirtiendo su

65 Estos dos fenómenos constituyen la base del funcionamiento de los modernos relojes atómicos, capaces de medir intervalos de tiempo con precisiones del orden de la milbillonésima de segundo.

geometría con una frecuencia constante de $2{,}387013.10^{10}$ Hz y resuena igualmente con microondas de, exactamente, esa misma frecuencia y no con otras.

Vamos a describir ahora lo que sucede cuando la luz incide sobre un cuerpo: Empezaremos recordando que la luz, como radiación electromagnética que es, transporta la energía cuantizada, es decir, en forma de dosis, siendo su "tamaño" o contenido energético el previsto en la ecuación de Planck:

$$E=h\nu$$

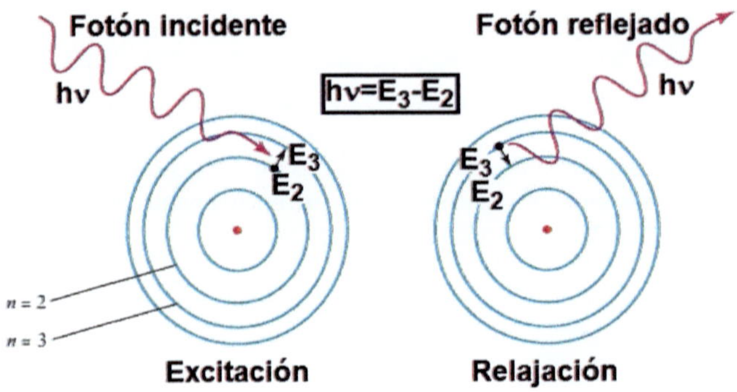

Figura 3. Para que un fotón interactúe con un átomo es condición indispensable que su energía coincida con la energía de la transición electrónica ocasionada.

Supongamos que una determinada luz de frecuencia ν incide sobre un átomo representado en la Figura 3. La absorción de ese fotón será posible si y solo si la energía de ese fotón fuera igual a la energía de la transición electrónica ocasionada. Si no se diera esa identidad el fotón pasaría de largo sin interactuar con el átomo. El fotón cede su energía al electrón, el cual salta del nivel 2 al nivel 3 (excitación). A continuación el electrón cae de nuevo (relajación) del nivel 3 al nivel 2 emitiendo un nuevo fotón de idéntica energía que el incidente. Esta es, precisamente, la forma en que la luz se refleja sobre los cuerpos.

Esta identidad no solo se da con las transiciones electrónicas de las cortezas atómicas sino también con las deformaciones por estiramiento, flexión o rotación de las moléculas. Siempre se rigen por la ley de la proporción 1:1 (un fotón/una transición) y nunca de otra manera.

Esta realidad nos lleva a la conclusión de que existe una relación biunívoca entre las frecuencias electromagnéticas emitidas o absorbidas por las sustancias puras y sus modos propios de vibración, es decir, su estructura y he aquí el motivo por el que el análisis de la luz emitida o absorbida por las sustancias es crucial para la investigación de su estructura íntima.

Así se comprende la existencia de los colores en nuestro mundo. Vemos verdes las hojas de las plantas porque la clorofila que contienen absorbe preferentemente el rojo (su complementario) debido a su estructura molecular y vemos amarillos los estambres de las flores porque las sustancias que contienen absorben preferentemente los tonos azul-violáceos. Por análoga razón el vapor de sodio excitado eléctricamente en las luminarias de nuestras calles y carreteras produce color amarillo y al exponer a la llama una sal de cobre, esta se tiñe de azul.

La técnica empleada en el análisis de las luces emitidas o absorbidas por la materia con la finalidad de obtener datos acerca de su estructura íntima se llama *espectrofotometría.* Su propio nombre expresa con claridad en qué consiste: dispersar la luz separando sus frecuencias componentes y medir la intensidad de cada una de e.

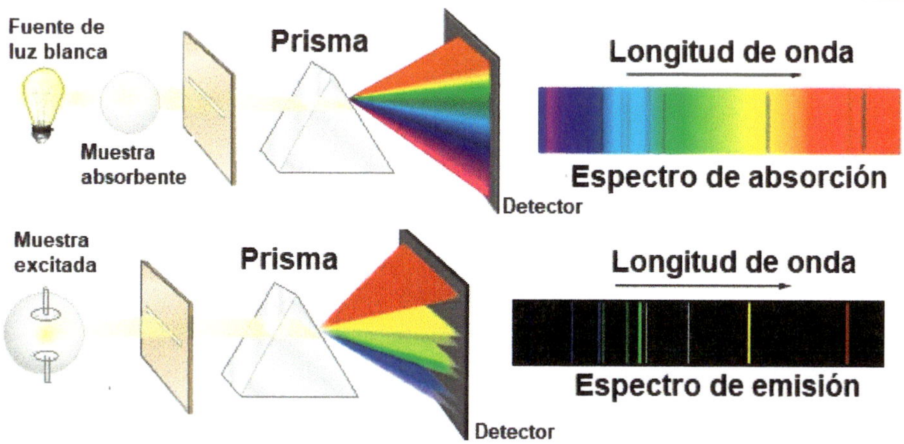

Figura 4. Esquema de las dos modalidades básicas de espectroscopía: absorción (arriba) y emisión (abajo).

La figura 4 esquematiza las dos técnicas posibles: emisión y absorción. En la *espectroscopía de emisión* (abajo) la muestra es excitada mediante llama, chispa o descarga eléctrica. Los átomos excitados emiten radiaciones que son dispersadas por un prisma o una red de difracción para luego determinar qué frecuencias han sido emitidas y con qué intensidad se emitieron. El resultado es el *espectro de emisión,* constituido por un conjunto de rayas correspondientes a las frecuencias emitidas sobre un fondo oscuro. La *espectroscopía de absorción* consiste en hacer pasar a través de la muestra una luz blanca (que contiene todas las frecuencias visibles) la cual, tras ser dispersada, es recogida en el detector. El espectro resultante se nos muestra como un conjunto de rayas negras sobre un fondo arcoíris continuo, correspondientes a las frecuencias que fueron absorbidas por la muestra.

Como ya puede suponer el lector, los espectros son el "carné de identidad" de las sustancias químicas. De ellos puede inferirse si una determinada especie química está o no presente en una muestra y en qué abundancia se encuentra. Al propio tiempo, el estudio de los espectros, no solo de luz visible sino de microondas, infrarrojo, ultravioleta o incluso de rayos X, proporciona valiosísimos datos que permiten investigar la estructura de las moléculas y de las cortezas atómicas. Todo ello hace de la espectrofotometría una de las técnicas más avanzadas en la ciencia, no solo en el campo de la Química y de la Biología sino en Astrofísica, como medio más eficaz para conocer la composición de las estrellas y galaxias mediante el análisis espectral de las radiaciones que, emitidas por ellas, llegan a nuestros telescopios.

Periféricos y aplicaciones

La conversión de nuestro Smartphone en un espectrofotómetro pasa, bien por el gran desembolso que supone la adaptación de GoSpectrum de Alphanow y su correspondiente aplicación o bien por la construcción de algunos de los espectrómetros caseros descritos en los puntos II.2 y III.3. El primero, construido y probado por el autor, requiere ajustar cuidadosamente el espectroscopio, dando así resultados francamente buenos. Otra opción es descargar mediante el vínculo https://publiclab.org/wiki/foldable-spec el recortable para la construcción de un espectroscopio de cartulina o, aún mejor, construirlo en resina mediante una impresora 3D, descargando previamente el correspondiente archivo gratuito por medio del enlace https://drive.google.com/file/d/1fUGUpJxKvVWYoVEh-YfhQ8FEo_uo7Mz9/view

En lo sucesivo nos referiremos al trabajo usando un espectroscopio casero y la aplicación Ligth Analyzer vista en el punto III.3, por ser la utilizada por el autor con resultados satisfactorios.

Diseño experimental

En la realización de este proyecto experimentaremos con la luz visible, obtendremos los espectros de emisión y de absorción de diversas sustancias en el rango comprendido entre 400 y 750 nm. Para ello dispondremos de una pequeña lámpara fluorescente, a ser posible de 4 w[66], para el calibrado de nuestro espectrofotómetro.

Para obtener los *espectros de emisión* utilizaremos la llama de un mechero de gas para excitar los átomos, un alambre de *nicrom*[67] fácilmente adquirible en el comercio, ácido clorhídrico y agua destilada. Como muestras podremos usar Cloruro de litio, Cloruro de sodio, Cloruro de potasio, Cloruro de cobre, Cloruro de bario y Cloruro de calcio, sustancias todas ellas solubles en agua. Ocasionalmente, podremos usar una lámpara de descarga[68] de sodio para analizar el espectro de este elemento.

Para el trabajo con *espectros de absorción* necesitaremos una lámpara LED que proporcione un espectro continuo lo más semejante a la luz solar, es decir, que contenga todas las frecuencias visibles casi por igual. Las más adecuadas son las lámparas Sunlike[69] de tecnología TRI-R (Figura 5). A diferencia de las LED normales, que emiten un espectro continuo entre el rojo y el verde con un fuerte pico en el azul, estas

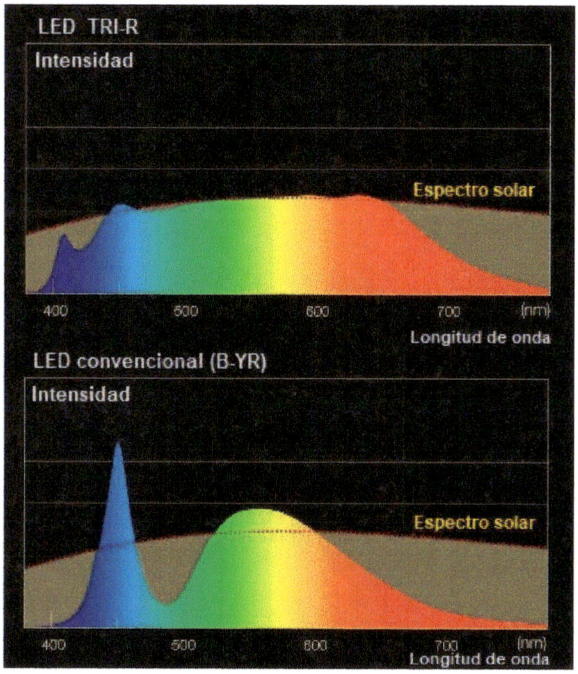

Figura 5. Comparación espectral de la luz proporcionada por un fotodiodo Sunlike y un fotodiodo convencional.

66 Potencias superiores producirían saturaciones lumínicas indeseadas.

67 Aleación de níquel (80%) y cromo (20%) particularmente resistente al ataque de los agentes químicos.

68 Existen lámparas de descarga de gases a baja presión como equipamiento para la espectroscopía de emisión que, por su coste, no son consideradas aquí.

69 Las lámparas de espectro continuo se emplean en horticultura intensiva para fomentar el crecimiento de las plantas de invernadero.

lámparas emiten un espectro muy similar al solar. La cubeta en la que pondremos la sustancia objeto de estudio deberá ser de vidrio incoloro con objeto de que no altere la luz que la atraviesa.

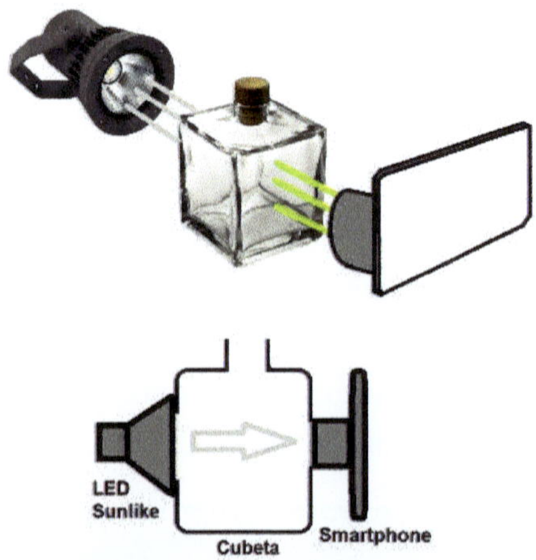

Figura 6. Dispositivo para espectroscopía de absorción.

La figura 6 muestra el esquema del dispositivo experimental. Con objeto de eliminar posibles efectos adversos derivados de la difusión de la luz blanca al atravesar la disolución problema, se ha de forrar la cubeta con lámina de aluminio, dejando sendas aberturas a uno y otro lado para que la luz del foco pase a la disolución y esta penetre en el espectrómetro.

Modo de operar

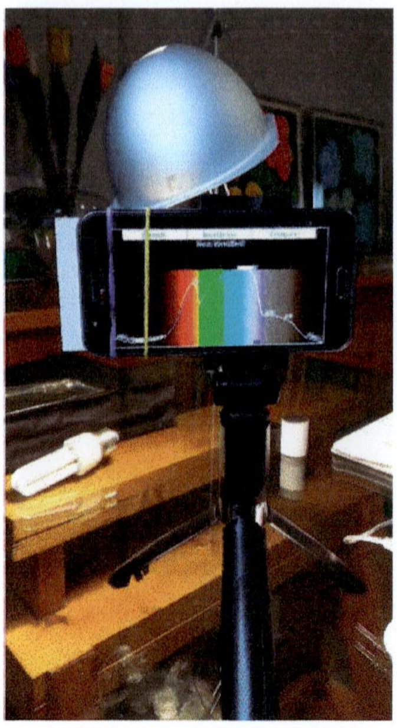

Figura 7. Calibrado del espectrómetro con luz fluorescente (obsérvese el espectro del neón).

El teléfono inteligente transformado en espectrofotómetro requiere calibración inicial. Ello se debe a que el sensor de la cámara fotográfica va a recoger el espectro de rayas y la aplicación tiene que componer en la pantalla la gráfica de los picos de intensidad para cada frecuencia. La calibración la haremos con una lámpara fluorescente. Este tipo de lámparas contiene una pequeña cantidad de vapor de mercurio mezclado con neón, un gas inerte. En los extremos del tubo de descarga hay dos filamentos incandescentes que ionizan el gas y lo hacen conductor. Al producirse la excitación de los átomos, estos emiten su espectro de emisión. La aplicación *Ligth Analyzer* tiene en memoria los datos relativos al espectro de emisión del neón y, por tanto, todo lo que tiene que hacer es identificar las rayas espectrales de este gas.

Una vez realizada esta operación ya podemos trabajar con él. Es muy importante que durante el trabajo no se mueva el espectroscopio respecto del teléfono ya que ello invalidaría la calibración. Una segunda precaución es trabajar en un ambiente lo más oscurecido posible. Se trata de que la luz ambiental no enmascare a la luz que nos interesa analizar.

Finalmente, tanto si se trata de la obtención de un espectro de emisión como de absorción, hemos de asegurarnos que la luz que recibe la cámara no sea tan intensa como para provocar la saturación. De ser así, el espectrograma en pantalla se mostraría con zonas meseta que impedirían localizar los picos de intensidad.

Bibliografía

MALGIERI, M., AMBROSIS, A., ROSI, T., ONORATO, P, GRATTON, L y OSS, S. (2019) "Colours in your pocket: smartphone-based spectrometers to investigate the quantum world". *Jour. of Phys.* 1287, pp. 1-6

OPEN SOURCE PHYSICS. "Configuración de la APP Ligth Analyzer" https://weelookang.blogspot.com/2019/05/aep-1417-ltk-promoting-joy-of-learning.html

ORMAECHEA, O., VILLAZÓN, A. y ESCALERA, R. (2017) "Espectrómetro miniaturizado de bajo costa para Smartphone" Universidad Privada Boliviana. Espectrómetro de teléfono inteligente | UPB

ROYAL SOC. OF CHEM. (2021) "Smartphone spectroscopy: Beer–Lambert law" *Educ. in Chem.* Reg. Number: 20789

SALAS, T. (2019) "Análisis cualitativo sistemático de cationes" *Universidad Nacional de Educación.* Perú.

WENDERSON R. F., SILVA, WILLIAN T., SUAREZ, CÉSAR REIS, VAGNER B., DOS SANTOS, FELIPE ANDRADE, CARVALHO, EFRAIM L. REIS, and FERNANDO C. VICENTIN (2021) "Multifunctional Webcam Spectrophotometer for Performing Analytical Determination and Measurements of Emission, Absorption, and Fluorescence Spectrum" *J. Chem. Educ.*, 98, pp. 1442-1447

ZAMORANO, J., R., GONZÁLEZ, R. & TAPIA, C. (2019), "ACTION Street Spectra Manual" U.C.M. Microsoft Word - StreetSpectra_manual-español.docx (ucm.es)

ZAO, Y. & SHENG, Y. (2022) *Use of Smartphones in Optical Experimentation.* SPIE e-Books https://www.spiedigitallibrary.org/ebooks/?SSO=1

VIII.5 IMÁGENES EN 3D

Fundamento teórico

La separación de unos pocos centímetros entre nuestros dos ojos es el motivo de que las imágenes que uno y otro órgano visual envían al cerebro no sean iguales. Por medio de procesos psíquicos no bien definidos, este construye la imagen tridimensional a partir de las dos imágenes bidimensionales. De esta forma breve se explica la visión estereoscópica que nos permite percibir la profundidad del campo visual[70].

Figura 1. Autorretrato del autor desde posiciones distantes 10 cm. Si se mira cruzando los ojos hasta hacer coincidir las dos imágenes, se verá una sola en relieve,

Existen diversos métodos de conseguir imágenes estereoscópicas 3D a partir de imágenes planas 2D, todos ellos se fundamentan en presentar a cada ojo imágenes 2D de un mismo objeto, tomadas desde posiciones separadas.

La técnica más sencilla, conocida como *estereoglifo* consiste en la observación de dos imágenes de un mismo objeto tomadas desde posiciones separadas, de forma que cada ojo vea una de ellas. Esta técnica, conocida y usada ya en el s. XIX, puede comprobarse en la figura 1. Es preciso mirarla bizqueando, es decir, cruzando los ojos, hasta conseguir que las dos imágenes coincidan[71]. Es entonces cuando el cerebro detrae de las dos imágenes la sensación de profundidad.

---

70 Intente el lector llenar un vaso con el agua contenida en una jarra extendiendo el brazo y cerrando un ojo. Entonces será consciente de lo que aquí se expone.

71 Esta operación requiere habilidad. No todas las personas son capaces de controlar el cruce de ojos a voluntad. Antiguamente era común la observación de fotografías en relieve por medio de un sencillo instrumento óptico llamado *estereoscopio* que facilitaba la operación de cruzar las líneas visuales.

Otro método es el de los anaglifos, fotografías tomadas desde posiciones separadas, tratadas con filtros de distintos colores y sobrepuestas en una sola imagen. Al ser vistas con unas gafas de anáglifo que tienen un filtro de diferente color para cada ojo, se consigue que lo que ve el ojo izquierdo sea distinto a lo que ve el derecho, consiguiéndose así la visión 3D.

Un tercer método es el empleo de *luz polarizada*. Ahora, un objeto es observado por dos cámaras separadas una cierta distancia, equipadas con filtros polarizadores, uno en posición vertical y el otro en posición horizontal. Ambas imágenes se proyectan de forma que coincidan. Al ser observadas con gafas polaroides, cuyos filtros estén cruzados, se consigue que uno y otro ojo vean respectivamente la imagen de una y otra cámara, consiguiéndose así la visión tridimensional. Esta técnica se emplea en la proyección cinematográfica en 3D.

Otra técnica que proporciona la sensación de ver en relieve es el empleo de una pirámide reflectante de 3 o 4 caras[72], popularmente conocida como *pirámide holográfica.* El nombre es impreciso, toda vez que la construcción de la imagen no pasa por la técnica de la holografía[73].

La pirámide "holográfica" tiene sus caras reflectantes inclinadas 45º, tal como se aprecia en la figura 2. Si esa imagen se refleja en las cuatro caras de la pirámide, nuestro ojo verá la luz procedente de la cara que se encuentra frente al observador cualquiera que sea su situación. La superposición de las dos imágenes da como resultado la sensación de tridimensionalidad en el interior de la pirámide (Figura 3).

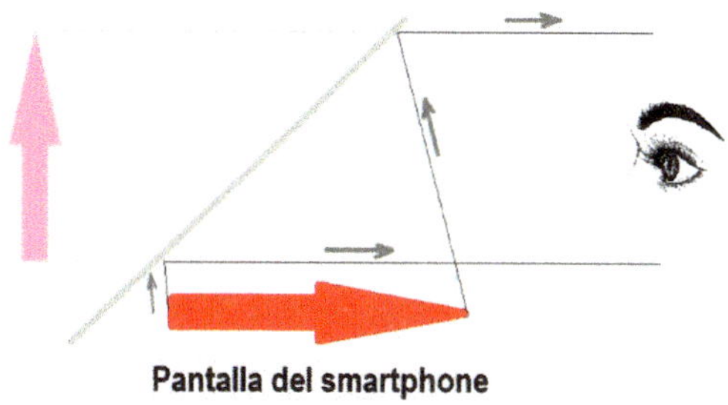

Figura 2. El objeto (color rojo) se refleja en la pared inclinada de la pirámide y el ojo ve la imagen reflejada en el interior de la pirámide (color rosa).

---

72 La pirámide de tres caras permite la visión 3D en un campo de tan solo 180º alrededor de la pirámide en tanto que la de 4 caras permite la visión 3D en todo su entorno.

73 El registro de un holograma se hace recogiendo en una placa fotosensible la luz coherente (de una única longitud de onda) que proviene de un laser y la luz de ese mismo laser reflejada en un objeto. Al superponerse ambas luces se genera un campo de interferencias que queda registrado en la placa. Para ver el holograma se ilumina con la misma luz laser el registro de la placa y el nuevo campo de interferencias resultante permite ver el objeto en 3D.

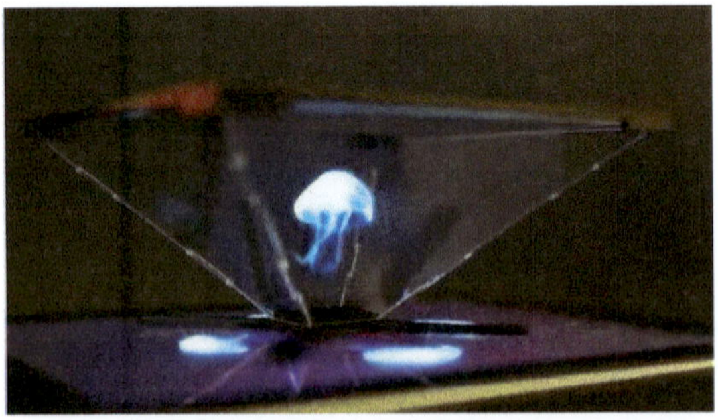

Figura 3. Imagen tridimensional generada en el interior de una pirámide holográfica.

Periféricos y aplicaciones

Una pirámide holográfica es un sencillo dispositivo formado por tres o cuatro planos reflectantes triangulares que conforman una pirámide invertida, según se aprecia en la Figura 3. Las imágenes 2D que se generan en la pantalla de un Smartphone o una tableta se reflejan en las caras de la pirámide de forma que la luz que llega al ojo en dirección horizontal dando la sensación de visión tridimensional de la imagen en el interior de la pirámide.

Las pirámides holográficas pueden adquirirse a muy bajo costo (unos pocos euros) en el comercio o pueden ser construidas en la forma en que se indicará más adelante.

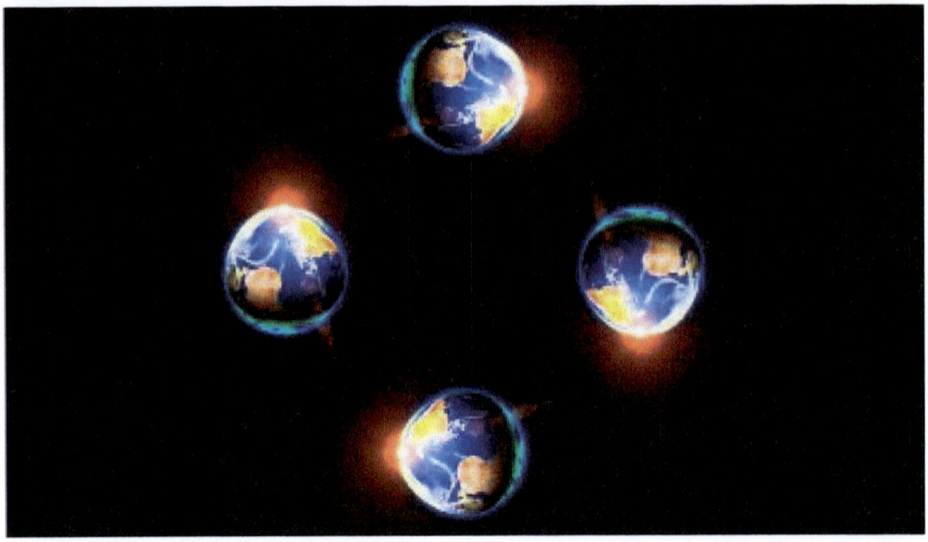

Figura 4. Imágenes 2D de un vídeo para pirámide holográfica.

En cuanto a las imágenes 2D, existen muchos vídeos en plataformas populares como YouTube o similares. Su común característica es que se trata de un mismo vídeo que aparece por cuadruplicado en la pantalla en direcciones ortogonalmente opuestas (Figura 4). De esta forma, cada vídeo se sitúa bajo una de las caras de la pirámide reflejándose en ella y el resultado es la visión de ese vídeo desde cualquier posición en el entorno horizontal de la pirámide.

Existen aplicaciones gratuitas en los repositorios para *smartphone* que permiten hacer vídeos para pirámides holográficas a partir de un vídeo o imagen decidido por el usuario. Estas aplicaciones cuadruplican el vídeo en la forma indicada en la figura 4. La aplicación desarrolla el vídeo simultáneamente en cuatro sectores que se hallan debajo de los planos reflectantes de la pirámide. De entre las diversas existentes, citaremos aquí a *Hologram Maker, Hologram Player* y *Holapex Hologram Video Maker.*

Diseño experimental

Si se opta por construir una pirámide holográfica, lo más sencillo es copiar sobre una lámina de acetato el plano detallado en el sitio https://www.unav.edu/documents/29007/8773000/videc_f05.pdf. Este material se dobla y corta con facilidad permitiendo construir la pirámide sin apenas herramientas y con suma facilidad.

Se logran mejores resultados utilizando lámina rígida transparente de grosor 2 mm. Se puede cortar con sierra de marquetería y el conjunto se ensambla fácilmente con pegamento para plásticos. La figura 5 muestra una realización de este tipo. La pirámide se encuentra montada entre dos planos rígidos que le dan consistencia, el superior, de madera impide el paso de la luz hacia arriba y el inferior, transparente, permite el paso de la luz hasta las caras de la pirámide. La observación de las imágenes, que aparecen en el interior de la pirámide, se hace en dirección horizontal.

En cuanto a la preparación de las imágenes 2D, pueden usarse las existentes en los grandes repositorios de internet, como YouTube, o bien hacerlas por medio de alguna de las aplicaciones citadas anteriormente.

Figura 5. Pirámide holográfica para tableta construida por el autor.

Dado que la intensidad luminosa es limitada y la imagen es virtual, interesa hacer la observación en habitación lo más oscura posible.

Bibliografía

Angel, L. y Velasquez, D. "Los Principios Físicos de la Holografía". *Rev. Univ. Eafit.*, nº 100 pp. 61-76

García, D. (2020) *Revisión de Técnicas de Generación y Visualización de Imágenes 3D*. TFG. Univ. Zaragoza.

Moreno, J. J., Morales, O. y Tejeida, R. (2018) "Metodología para la representación de hologramas tridimensionales en alta definición" *Research in Computing Science,* 147 (12) pp. 285-297

Palacios, C. "Pirámide holográfica rápida" *VI-DEC (Vídeos Didácticos de Experimentos Científicos)*. Depto. de Física y Matemática Aplicada. Univ. Navarra.

CAPÍTULO IX

NATURALISMO

IX.1 IDENTIFICACIÓN Y ESTUDIO DE ANIMALES Y PLANTAS

Se propone aquí un proyecto de trabajo, tan sencillo como estimulante, para el aprendizaje de las Ciencias Naturales por parte de estudiantes de nivel primario y medio. Entre sus virtudes está el fomento de la curiosidad, de la observación sistemática y del trabajo riguroso, tres virtudes asociadas al quehacer científico.

Fundamentos teóricos

Los trabajos que se encuadran dentro de los límites de este título caen de lleno en el terreno de las Ciencias Naturales, antiguamente conocidas bajo la denominación de Historia Natural. Se definen como aquellas ciencias que tienen por objeto el estudio de la naturaleza, siguiendo la modalidad del método científico conocida como método empírico-analítico[74]. Las ciencias que mayoritariamente conforman las Ciencias Naturales son: Botánica, Zoología, Geología y Paleontología, si bien otras ciencias más básicas como la Química, la Física y la Astronomía también intervienen en esta disciplina.

El naturalista "de campo" explora, prospecta, inventaría, recolecta y captura imágenes. Íntimamente ligada a todo ello está la actividad del naturalista "de laboratorio" que estudia, compara, cuantifica, experimenta y mide los datos recolectados por el anterior. La historia de la ciencia está llena de nombres de naturalistas cuyas aportaciones al conocimiento han sido cruciales, como es el caso de Aristóteles (384-322 a. C.) y Plinio el Viejo (23-79 d. C.) en la Antigüedad Clásica. El descubrimiento de América provocó una eclosión de naturalistas españoles. De entre otros muchos, citaremos a Diego Álvarez Chanca (1480-1515), el primero que describió la flora y la fauna americana; Francisco Hernández de Toledo (1514-1587), jefe de la primera expedición científica al Nuevo Mundo; y José de Acosta (1539-1600), autor de la *Historia Natural y Moral de las Indias*. Posteriormente, otros naturalistas sentaron las bases de las ciencias naturales modernas como Carlos Linneo (1707-1778), el creador de la nomenclatura de los seres vivos; Jean-Baptiste Lamarck (1743-1829), autor de la primera teoría evolutiva; y Georges L. Couvier, padre de la paleontología.

---

74 El método empírico-analítico es una de las modalidades de uso del método científico, que se basa en la experimentación y la lógica empírica. Junto a la observación de fenómenos y sus análisis estadísticos, este método es el más usado en el campo de las ciencias sociales y naturales.

El s. XIX y las primeras décadas del XX conforman la época de mayor esplendor de las Ciencias Naturales con las figuras de Charles Darwin (1809-1882) y Alfred R. Wallace (1823-1913), creadores de la moderna Teoría de la Evolución de las Especies, y Alfred Wegener (1880-1930), autor de la Teoría de la Deriva Continental. Ya en pleno siglo XX los naturalistas cobraron gran importancia como impulsores del movimiento ecológico que hoy prima en la conciencia de los ciudadanos y los gobernantes de las sociedades modernas. Entre ellos destacamos a Félix Rodríguez de la Fuente (1928-1980), David Attenborough (1926) y Edward Osborne (1929-2021), entre otros muchos.

Periféricos y aplicaciones

El smartphone ofrece a través de su cámara fotográfica espléndidas posibilidades para la recogida de imágenes de la naturaleza, existiendo en el comercio una amplia oferta de lentes de aproximación y teleobjetivos, a precios asequibles, que permiten ampliar aún más las posibilidades de la cámara. Las imágenes recogidas pueden ser volcadas a un ordenador para su posterior edición, difusión y almacenamiento.

Por otro lado, existen aplicaciones de reconocimiento de imágenes, entre las que destaca *Lens* de Google ya mencionada en el punto III.14, que facilitan extraordinariamente el intrincado trabajo de identificación de los ejemplares que de otro modo exigiría un alto grado de especialización.

Modo de operar

El proyecto que aquí se propone consiste en la catalogación y estudio de las especies zoológicas o botánicas de un determinado ecosistema. Dicho así, este planteamiento es excesivamente amplio y ha de ser delimitado previamente. Así, por ejemplo, los posibles enunciados del trabajo podrían ser: "Catalogación y estudio de las especies herbáceas de un tramo de la ribera de un río", "Catalogación y estudio de coleópteros en un término municipal", "Catalogación y estudio de especies arbóreas en un determinado territorio", etc.

La principal herramienta de trabajo será la aplicación de reconocimiento de imagen *Lens* de Google. Una vez cargada la aplicación, la cámara muestra en pantalla el objeto que queremos reconocer (Figura 1) y nos da la opción de búsqueda en la red.

A partir de ahí, podemos navegar por las páginas en las que aparece la imagen reconocida, donde podremos encontrar todo tipo de datos sobre esa especie.

No siempre el reconocimiento por imagen es fidedigno, ello puede depender del encuadre o enfoque que hayamos hecho del objeto. Si se sospecha que el reconocimiento no ha sido bueno podremos repetir desde otro ángulo o con otro ejemplar igual hasta estar seguros de que el reconocimiento ha sido bueno. Por otro lado, existen muchos procedimientos más especializados en el reconocimiento de seres vivos que no tienen cabida en esta obra.

A partir de los datos encontrados en la red, puede hacerse una ficha para cada especie encontrada. De entre los muchos modelos de fichas existentes en la bibliografía, se incluyen en las figuras 2 y 3 un ejemplo de ficha botánica y otra zoológica, procedentes de un centro educativo.

Figura 1 Pantalla de *Lens.*

Bibliografía

PHILIPS, V. (2019) *Guía para un Bioblitz.* National Geographic. 2019_BioBlitz_Guide_Spanish-Final_.pdf (nationalgeographic.org)

NAVARRO, A. (1976) *Clasificación de los animales, vegetales y minerales. Claves dicotómicas para prácticas de Ciencias Naturales.* Navarro Ed. Madrid.

TENORIO, G. (2018) "Clasificación de la biodiversidad" http://dpbiologia.weebly.com/uploads/2/1/5/5/21553524/gtp_t4.evoluci%C3%B3n_y_biodiversidad__3%C2%AAparte_clasificaci%C3%B3n_de_la_biodiversidad__2018-20.pdf

UBERO, M. (2009) "Introducción a la diversidad animal y su clasificación" https://www.um.es/innova/OCW/diversidad-animal/material_clase/Sesion_Teorica_01.pdf

C.E.I.P. Bilingüe " San José de Calasanz "
Peñarroya—Pueblonuevo

FICHA DE PLANTAS

Dibujo de la Planta completa

Detalle de alguna parte de la planta

Nombre de la Planta:
ALCORNOQUE - *Quercus suber L.*

Partes de la Planta:

Tallo:
-Destaca su gruesa y esponjosa corteza, el corcho, constituido por materia vegetal muerta. Cuando se descorcha el tronco aparece liso y rojizo.
Hojas:
-4 a 7 cm. de longitud, pueden ser lobuladas o aserradas, de color verde oscuro en el haz, y más claras en el envés.
Flores
La floración es desde abril hasta el otoño.
Frutos
Las bellotas. Tienen una maduración anual en tres etapas. De 2 a 3 cm. De longitud

Tipo de Planta
-Árbol perenne
-De talla media
-La copa es irregular.

Lugares donde vive
-Climas cálidos y templados, algo húmedos y sin fuertes heladas.

Otros datos
-Su nombre "suber" hace referencia al corcho.
-Su aprovechamiento principal es el corcho y la bellota en la alimentación del ganado.
-Viven entre 150 y 250 años.

C.E.I.P. Bilingüe " San José de Calasanz "
Peñarroya—Pueblonuevo

FICHA DE ANIMALES

Dibujo del animal:

Detalles:

Nombre del animal:
Conejo - Oryctolagus cuniculus

Características:
-Poseen una conformación atlética, con las extremidades posteriores robustas, muy fuertes, que les permite impulsarse con velocidad realizando saltos y acrobacias impresionantes, su esqueleto es fino y frágil a los golpes. Las extremidades anteriores son más finas le sirven en la huida ya que gracias a ellas realizan cambios bruscos de dirección, la cabeza está caracterizada por dos orejas largas, dos filas de incisivos . El pelo es fino y sedoso, de longitud variable.
-Animal de hábitos nocturnos y crepusculares, se alimenta desde que anochece hasta que amanece y pasa la mayor parte del día en sus madrigueras.
-Alimentación: seleccionan plantas de escasa talla . En invierno su régimen consta de tallos y cortezas de arbustos. Puede cavar la tierra para encontrar raíces, semillas y bulbos; también es capaz de escalar arbustos y matorrales para comer los más jóvenes retoños.
-Reproducción: Son fértiles durante todo el año. El periodo de gestación dura 32 días y las camadas oscilan normalmente entre 4-12 individuos . Pueden tener varias camadas al año

Tipo de animal:
-Mamífero

Lugares en los que vive:
-Suelo arenoso y blando que facilita la construcción de madrigueras.
-Prefiere campos extensos cubiertos de matorrales para esconderse.

Curiosidades:
-Prefiere vivir en largar y complejas madrigueras.
-Habitualmente son muy silenciosos pero emiten fuertes chillidos cuando están asustados o heridos
-Ante la presencia de un potencial depredador permanece inmóvil intentando pasar desapercibido antes de huir a la carrera hasta un refugio.
-El conejo puede ser también una mascota que se adapta perfectamente a la compañía del hombre y que no requiere excesivos cuidados: limpieza de la jaula, alimentación, etc.

Figuras 2 y 3. Ejemplos de fichas identificativas de especies vegetales y animales.

IX.2 MICROFOTOGRAFÍA

Fundamentación teórica

En 1595, en la ciudad flamenca de Mildebourg, el óptico Zacarías Janssen (1583-1638) montó un pequeño aparato de apenas veinticinco centímetros de longitud con lentes en dos tubos de latón que se deslizaban uno dentro del otro. De esta rudimentaria forma fabricó el primer microscopio de la historia. Desde entonces, la ciencia ha podido acceder al conocimiento del mundo microscópico, de por sí inaccesible a simple vista.

Las partes más elementales de un microscopio se muestran en la figura 1. La luz emerge del dispositivo de iluminación situado en el pie del instrumento y tras pasar por el diafragma atraviesa una lente convergente llamada *condensador* cuya finalidad es dirigir los rayos luminosos en posición paralela al eje óptico.

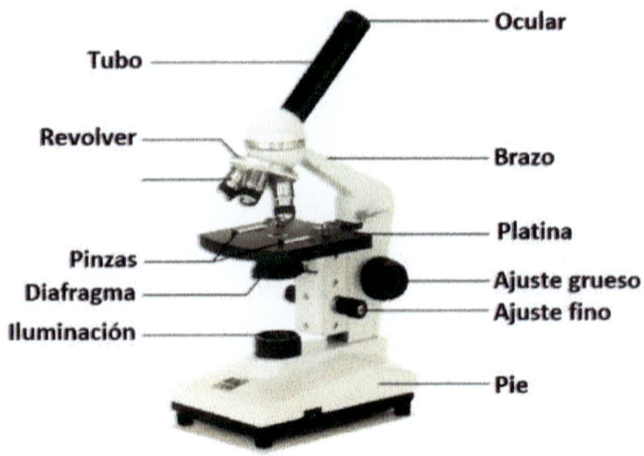

Figura 1. Partes esenciales de un microscopio óptico.

Tras ello, la luz atraviesa el portaobjetos[75] en el que se encuentra la muestra. Después la luz pasa por el objetivo, sistema de lentes convergentes que amplifican fuertemente la imagen. Entre el objetivo y el ocular existe una distancia fija, en forma de tubo. Finalmente, la luz que emerge del ocular llega al ojo del observador donde se forma la imagen amplificada.

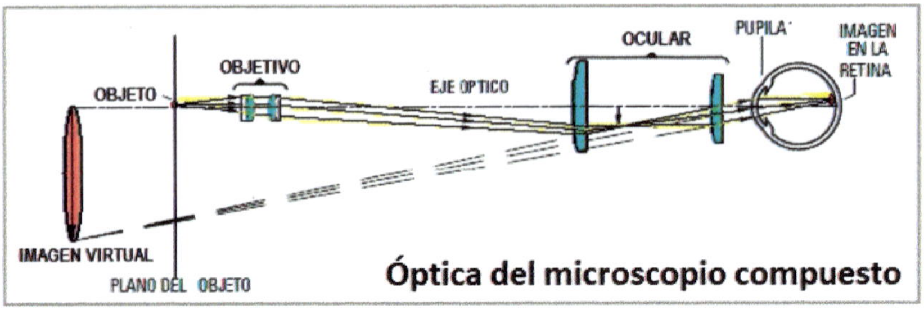

Figura 2. Marcha de los rayos luminosos y formación de las imágenes en el microscopio.

[75] Placa rectangular de vidrio en la que se halla depositada la muestra que se observa.

Es preciso destacar el hecho de que las imágenes proporcionadas por el microscopio óptico son invertidas. Esto significa que cuando se desplaza la muestra sobre la platina, la imagen se mueve en dirección contraria.

El grado de amplificación de un microscopio es el producto de las amplificaciones ópticas del objetivo y del ocular, así, para un microscopio equipado con tres objetivos de 4, 10 y 45 aumentos y provisto de dos oculares de 5 y 10 aumentos las amplificaciones posibles son:

	OBJETIVO		
OCULAR	***4***	***10***	***45***
5	20	50	225
10	40	100	450

Si en lugar del ojo adaptamos sobre el ocular un smartphone, podremos realizar microfotografías que más tarde podremos editar y comparir.

Las precisiones teóricas que sobre fotografía se hicieron en el Proyecto V.3 "Astrofotografía" son válidas también aquí. Eso sí, en el caso de la microfotografía, la escasez de luz no es un problema tan acuciante como lo es en el campo de la fotografía de los astros. Así pues, en este caso podremos trabajar con sensibilidades entre 100 y 400 ISO, garantizando así que el ruido sea mínimo. Trabajando con la cámara en modo automático podremos lograr buenos enfoques actuando únicamente en los ajustes de enfoque del microscopio.

Periféricos y aplicaciones

Para fotografiar pequeños objetos opacos, la cámara de nuestro teléfono debe actuar como una lupa. Para estos usos es muy recomendable el empleo de juegos de lentes de aproximación específicamente diseñadas para ser adaptadas fácilmente a los smartphones (figura 3).

Para la realización de microfotografías por transparencia hemos de utilizar el microscopio casero descrito en el punto II.9 o bien usar un microscopio convencional a cuyo ocular adaptaremos la cámara del teléfono mediante algún adaptador de oculares (ver el punto II.10).

Figura 3. Las lentes de aproximación permiten amplificaciones con una excelente relación calidad/precio.

Modo de operar

A) Uso del *Smartphone* como lupa

Como norma general, la microfotografía requiere la mayor inmovilidad posible del teléfono, razón por la cual es muy necesario el uso de un soporte o trípode.

Cuando se trata de observar y tomar registros gráficos de objetos opacos pequeños, apenas visibles a simple vista, las cámaras de la mayoría de los móviles ofrecen la posibilidad de ampliación hasta 10x, pero lo hacen mediante *zoom* digital, seleccionando una parte del mosaico de fotodiodos y presentando en pantalla esa parte y no el resto. Como consecuencia, el número de píxeles se ve más reducido cuanto mayor amplificación se le pide al dispositivo, con la inevitable merma de la definición.

Una buena alternativa a esta dificultad es el uso de lentes de aproximación, como la que aparece en la figura 3, que permiten la amplificación de la imagen sin disminución del número de píxeles. Esta amplificación óptica asociada a la digital permite acceder a importantes aumentos y hacen al conjunto muy eficiente para la observación y estudio del mundo microscópico.

Para obtener buenas fotografías con iluminación por reflexión es muy conveniente que el objeto que observamos esté bien iluminado y que destaque sobre el entorno. Para ello, el fondo debe ser negro o muy oscuro, para que la luz que llega a la cámara sea únicamente la reflejada por el objeto observado. Otra alternativa, muy necesaria en los trabajos de campo en los que el objeto ha de ser retratado *in situ*, es elegir el ángulo de visión en el que los objetos que componen el fondo estén lo más alejados posible del que nos interesa, asegurándonos de que queden desenfocados, tal y como se ve en la figura 3.

B) Uso del *Smartphone* como microscopio

Si lo que se pretende es observar y fotografiar objetos iluminados por transparencia, estos han de estar dispuestos en forma de preparación microscópica. Se puede adquirir a precios muy razonables colecciones de preparaciones microscópicas tanto botánicas como zoológicas y también podemos hacerlas nosotros mismos[76]; Boronat y López (2019) describen de forma sencilla la forma de hacer preparaciones microscópicas.

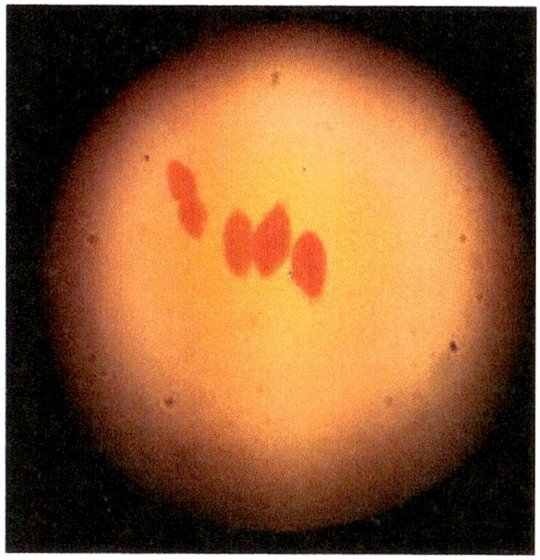

Figura 4. Paramecios en proceso de división (foto del autor).

Otra alternativa es la filmación de seres microscópicos en vivo en medio acuoso. Es interesante la observación del agua de una charca o de un río, o bien un caldo de infusorios preparado por nosotros mismos[77]. La operación consiste en depositar sobre un portaobjetos una gota del agua en el que se hallan los microorganismos que queremos observar y luego colocar sobre ella un crubreobjetos para evitar la evaporación. Una vez situada la muestra en la platina del microscopio, procederemos al enfoque empezando con el objetivo de menor potencia. Una vez acoplado nuestro Smartphone al ocular del instrumento, estaremos en condiciones de fotografiar los protozoos o filmarlos en movimiento.

---

[76] Hacer preparaciones microscópicas sencillas es más fácil de lo que parece. Necesitaremos portaobjetos y cubreobjetos para microscopio, alcohol de farmacia, azul de metileno (adquirible en establecimientos de acuariofilia), agua destilada, unas pinzas, algo de osadía y otro poco de habilidad.

[77] Igualmente interesante es la observación de la fauna bacteriana existente en nuestros epitelios bucales o en ciertos alimentos como el yogur.

Bibliografía

ARCE F. P., BULETA L., MAYORGA M., FERNÁNDEZ F., (2001) "Microfotografía barata y sencilla" *Actas del IV Congreso Virtual Hispano Americano de Anatomía Patológica*. Hosp. Marqués de Valdecilla, (Santander).

BORONAT, R. y LÓPEZ, J.P. (2019) *Una visión cercana de la microscopía en el laboratorio de Educación Secundaria.* Consejería de Educación y Cultura. Murcia. http://www.carm.es/edu/pub/19800_2020/files/una-version-cercana-de-la-microscopia.pdf

MOREIRA, J.M. y GARCÍA, M. () *Atlas de Microorganismos Planctónicos Presentes en los Humedales Andaluces.* Junta de Andalucía. https://www.juntadeandalucia.es/medioambiente/portal_web/rediam/contenidos_ordenacion/PDF/Atlas_Org_Planctonicos_1.pdf

MONTOLIÚ, L. "Formas de vida microscópica en una gota de agua" https://enfoca.cat/wp-content/uploads/2016/06/FORMES-DE-VIDA-MICROSC%C3%92PICA-EN-UNA-GOTA-D%E2%80%99AIGUA-CAST.pdf

IX.3 IDENTIFICACIÓN Y ESTUDIO DE MINERALES, ROCAS Y FÓSILES

Fundamentación teórica

La identificación de minerales y rocas se hace por muy diversos métodos físico-químicos con los que se determinan parámetros estructurales tales como su dureza, textura, densidad, sistema de cristalización, composición química, etc; y, por supuesto, el reconocimiento por imagen es también un importante recurso. En el caso de los fósiles, esta última técnica cobra aún mayor importancia, siendo también determinantes otros datos tales como el yacimiento en el que se han encontrado y la datación de la época geológica a la que corresponden.

Por tanto, el reconocimiento por imagen es un recurso nada despreciable para el que el Smartphone resulta ser una herramienta de gran utilidad. Si en el proyecto IX.1 se advertía al lector de que el reconocimiento de seres vivos por imagen es uno de los métodos de identificación, y no precisamente el más específico, esta afirmación cobra aún mayor peso en el caso de los minerales y las rocas, donde el color y la textura visual pueden variar mucho en un mismo mineral o roca. Así sucede, por ejemplo, con el cuarzo, que puede presentarse como cristal de roca si es incoloro o amatista si es violáceo, dependiendo de las impurezas que contenga. Igualmente sucede

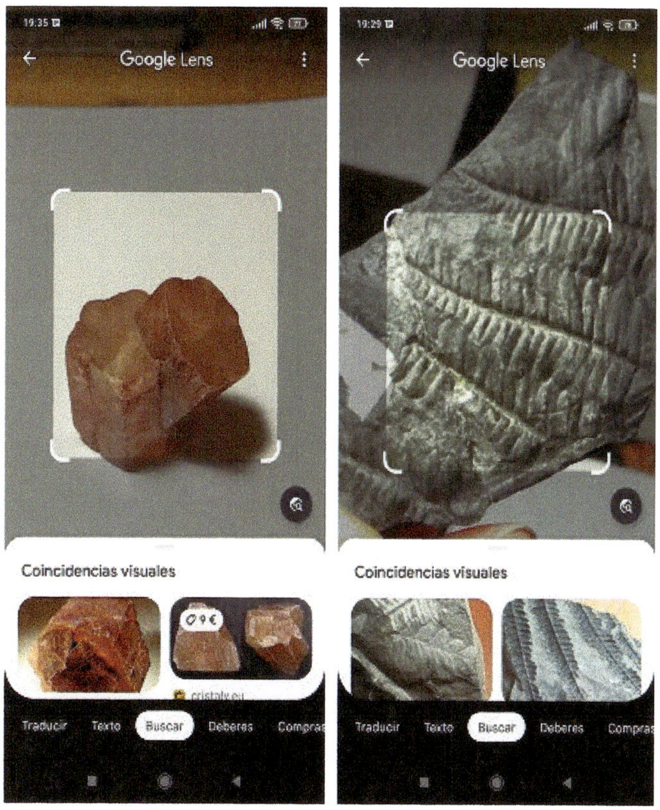

Figura 1. Reconocimiento de minerales y fósiles con *Lens*.

con minerales que, siendo distintos, tienen composición química igua, como es el caso del oligisto y la limonita, ambos minerales de hierro en forma de óxido, siendo el segundo un óxido hidratado.

Periféricos y aplicaciones

Como en el proyecto IX.1, también aquí la aplicación *Lens* de Google combinada con la cámara de nuestro teléfono y su conectividad a la red serán los elementos clave para los trabajos de identificación y estudio de minerales, rocas y fósiles.

Modo de operar

Todo lo que se indicó en el mismo apartado del proyecto IX.1 es válido aquí.

Puesto que en el reconocimiento por imagen lo importante es la textura visual (color, forma geométrica, rugosidad, etc.) importa sobremanera que la luz con la que iluminemos las muestras sea lo más parecida a la luz solar para que los colores se alteren lo menos posible. Además, se ha de eliminar de la cámara cualquier opción del tipo filtro que altere los colores.

Para el trabajo en casa es muy conveniente utilizar una iluminación LED del tipo "luz de día" (6000 K) y se han de evitar las "iluminaciones cálidas" sobreabundadas en amarillos y rojos.

Bibliografía

ABAD, I., REOLID, M. y MOLINA, J. M. (2010) "Guía didáctica para la identificación de minerales, rocas y fósiles de la provincia de Jaén". *Colección Innovación Docente*. Universidad de Jaén.

BACH, J.; ZARROCA, M.; ESTRADA, M. R.; POCH, J. "Iniciación a la identificación de las rocas: De los diagramas de flujo a la web IDE-ROC" U.A.B. Depto. De Geología. (http://ide-roc.uab.cat/)

DEPTO. DE CRISTALOGRAFÍA Y MINERALOGÍA, "Mineralogía. Guión de prácticas 2º L.G." UCM. Madrid.

MURCIEGO, A. et al. (2018) *Manual de reconocimiento macroscópico de minerales y rocas con Realidad Aumentada (ID2017/038).* Univ. Salamanca.

PEÑA DE CAMÚS, S. (2012) *Guía didáctica de minerales, fósiles y evolución humana.* Museo Nacional de Ciencias Naturales (C.S.I.C.) Madrid.

PEREA, D. et al. (2018) *Fundamentos de Paleontología.* Univ. de la República de Uruguay. ISBN: 978-9974-0-1610-1.

IX.4 MEDIDA DE LA ANCHURA DE UN GRUPO DE ESTRATOS

Fundamentación teórica

Con frecuencia, las laderas acantiladas de algunos valles conformados por suelos de origen sedimentario muestran los bordes de los estratos que los forman; y su estudio es de vital importancia para conocer la estructura e historia de ese sistema geológico.

Teniendo en cuenta que las rocas sedimentarias se han formado a lo largo de millones de años, que en su seno se encuentran los restos fosilizados de los seres que existieron en las distintas eras y que estos se encuentran ordenados en profundidad según las épocas, tanto más profundos cuanto más antiguos, se entiende que las rocas sedimentarias sean los libros que cuentan la historia de la Tierra, cuyas páginas son los estratos y cuyas imágenes son los fósiles.

Por tanto, la Estratigrafía es una importante especialidad de la Geología que se ocupa del estudio de los sedimentos petrificados, y una de las determinaciones más comunes es la medida de la anchura de las familias de estratos.

Cuando se trata de medir la anchura de un grupo de estratos (esquematizados en la figura 1a) por procedimiento trigonométrico, lo habitual es que el punto de referencia superior A sea inaccesible para el operador situado en el punto O y que este no se encuentre a la misma altura.

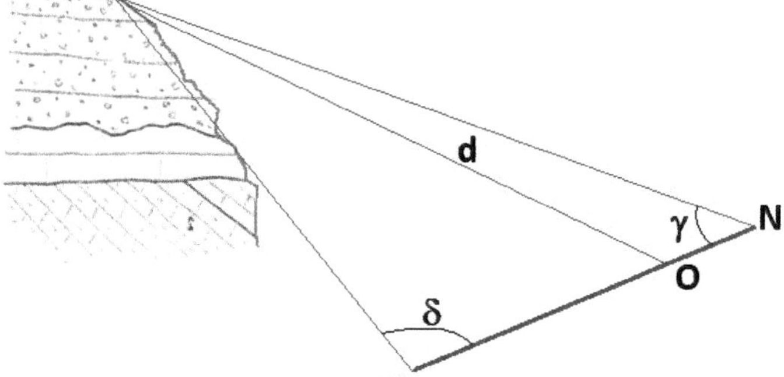

Figura 1ª. Determinación de la distancia del observador al punto de referencia.

La primera operación será determinar la distancia recta entre el punto de referencia y la posición del operador OA. Se trata de una determinación cuyo procedimiento ya se vio en el proyecto IV.2 “Determinación de la distancia a un punto inaccesible”. Para ello es preciso buscar dos puntos M y N que se encuentren a la misma altura que O de forma que las rectas MN y AO sean perpendiculares. En ese caso, los ángulos AOM y AON son rectos y se cumple:

$$d = \frac{MN}{(\cot\gamma + \cot\delta)} \qquad (1)$$

Una vez que ya se conoce la distancia **d** entre el punto de observación y el de referencia, hay que calcular la distancia **D** entre los puntos O y P de la figura 1b. El punto P se encuentra en la vertical por debajo del punto A y, por lo tanto, es inaccesible. Además se encuentra a la misma altura que el punto O por lo que el ángulo APO es recto. En consecuencia:

$$D = d.\sin\propto$$

Aplicando la trigonometría a los dos triángulos rectángulos de la figura 1b:

$$AP = D.\tan\propto$$

$$BP = D.\tan\beta$$

Por tanto, la anchura del sistema de estratos sería:

$$AB = D(\tan\alpha - \tan\beta) \qquad (2)$$

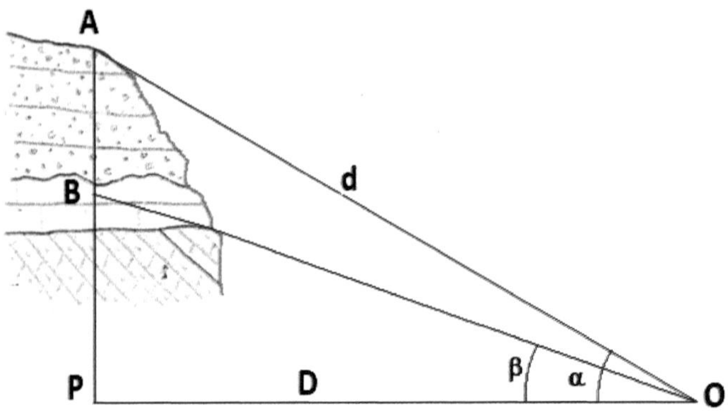

Figura 1b. Determinación del ancho AB del sistema estratigráfico.

Así pues, la anchura de una familia de estratos puede ser determinada midiendo los ángulos que forman las visuales dirigidas a un punto de referencia, situado en el estrato superior, desde dos puntos que se encuentren a la misma altura que el de observación y que se conozca la distancia recta entre ambos. Además se han de medir los ángulos que forman las visuales dirigidas desde el punto de observación a las capas superior e inferior de la familia de estratos.

Periféricos y aplicaciones

La realización de este proyecto es un trabajo netamente "de campo" en el que las medidas de longitudes y ángulos han de hacerse a plena luz del día. Esto presenta el inconveniente de que las pantallas de los móviles ofrecen una escasa visibilidad en ambientes de luz muy intensa. Por este motivo, para la medición de ángulos se desaconseja el uso de aplicaciones como *Dioptra* o *Nivel láser* del paquete *Herramientas inteligentes,* siendo mejor utilizar el teodolito casero combinado con la aplicación *Clinómetro* del paquete *Physics Toolbox Suite.*

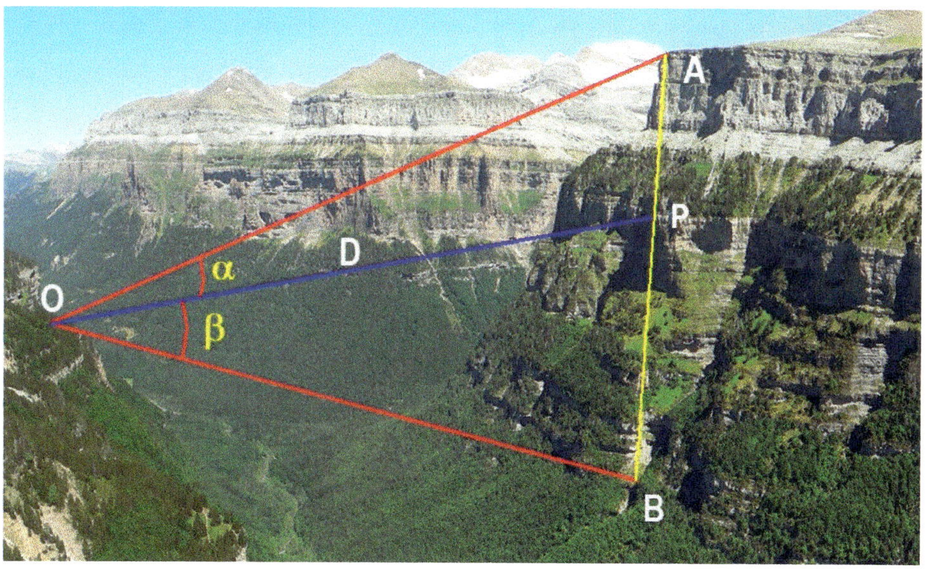

Figura 2. Determinación de la anchura de un sistema estratigráfico en el valle de Ordesa (Huesca).

Para la medida de la distancia recta entre los puntos M y N podremos emplear el método de los pasos (un tanto inexacto) o bien cinta métrica si el caso lo permite. Si las distancias son grades, como es el caso representado en la figura 2, podemos usar la función *Medir distancia* de la aplicación GPS.

Modo de operar

La figura 2 muestra el esquema de la medición de grupo de estratos que afloran en una ladera acantilada en el valle de Ordesa. En este caso, el operador se encuentra en una cornisa de la ladera opuesta, lo que supone que en este caso el punto P, situado a la misma altura que O, se halla entre los puntos A y B. Es muy conveniente que los puntos A, B y P sean reconocibles a lo largo del proceso y para ello hemos de fijarnos en algún elemento del terreno (un arbusto, un saliente rocoso, un árbol, etc.) que nos sirva de referencia.

En una situación como la de la figura 2, la distancia recta entre los puntos M y N (figura 1) la podemos determinar con ayuda del GPS. Tras ello, nos situaremos en el punto M y mediremos el ángulo δ que forman las visuales dirigidas a los puntos A y N. Igualmente procederemos desde el punto N para la determinación del ángulo γ. Estos valores nos servirán para calcular la distancia *d* entre los puntos A y O por medio de la fórmula (1).

En una segunda fase, situados ya en el punto O, mediremos los ángulos α y β que forman las visuales dirigidas a los puntos A, P y B. Sustituidos esos valores en la fórmula (2) podremos calcular la distancia AB, que no es otra que la anchura de la familia de estratos.

Bibliografía

SANTAMARÍA, J. y SANZ, T. (2005) *Manual de prácticas de topografía y cartografía.* Univ. Rioja. Ser. Publ.

VERA, J. A. (1994) *Estratigrafía. Principios y métodos.* Ed. Rueda (Madrid).

CONCLUSIONES

Las tabletas y los teléfonos inteligentes forman hoy parte importante de nuestras vidas, tanto en las generaciones de jóvenes como en las de adultos. Ciertamente, las primeras son ampliamente usadas en el ámbito escolar en diversos cometidos, que van desde su uso como cuaderno de notas o como elemento de interacción entre el alumno y el profesor hasta su uso como fuente de información a través de textos enviados telemáticamente por el profesor o mediante la búsqueda de datos e informaciones en Internet. Muy al contrario, los teléfonos inteligentes tienen mala prensa en el ámbito escolar. Se prohíbe a los alumnos su empleo en las aulas, en los exámenes y en casi todas las actividades escolares y se les considera, no sin razón, elementos potencialmente peligrosos.

Las tabletas y los teléfonos inteligentes tienen casi las mismas prestaciones, sirven para prácticamente lo mismo. Entonces cabe preguntarse, ¿Por qué las primeras son estimadas y ampliamente utilizadas en el ámbito escolar mientras los segundos son mal vistos e, incluso, prohibidos? La respuesta hay que buscarla en el tamaño. Las tabletas están diseñadas para su uso en sustitución de los ordenadores portátiles, respondiendo satisfactoriamente en la edición de texto y el trabajo en red. A su vez, en los *smartphones* priman el pequeño tamaño y la portabilidad. Esto último les hace singularmente atractivos a los jóvenes al ver en ellos un medio discreto, no intervenido por los mayores, de acceder a las redes sociales, a internet y a todo tipo de informaciones. A nadie se le oculta que el uso indiscriminado y no controlado de los celulares inteligentes comporta serios riesgos, especialmente para los jóvenes, siendo este el motivo principal de su exclusión del ambiente escolar.

En este libro se ofrece a profesores, educadores y estudiantes una perspectiva de los teléfonos inteligentes como herramienta eficaz de enseñanza-aprendizaje de las ciencias, muy al contrario de la concepción negativa que se tiene de ellos como elementos distractores y como agentes causantes muchos conflictos juveniles. A lo largo de los capítulos de esta obra se ha ofrecido una visión nueva de estos dispositivos que los presenta como estimulantes recursos para aprender experimentando, midiendo o clasificando en diferentes disciplinas científicas.

Es seguro que al correr del tiempo, muchos de los contenidos de este libro se habrán hecho obsoletos. El avance de la tecnología en estos dispositivos es tan vertiginoso como imparable. Muchas de las aplicaciones que se han descrito habrán sido modificadas en profundidad lo mismo que el diseño y prestaciones de los teléfonos y también el número de trabajos y publicaciones sobre sus aplicaciones en el aula de ciencias, habrá crecido exponencialmente. Pese a que estas realidades son un tanto desalentadoras para el autor, no cabe la menor duda de que es, a todas luces, un horizonte muy prometedor.

BIBLIOGRAFÍA DE INTERÉS GENERAL

BECKER, S., GÖßLING, A., KLEIN, P., KUHN, J.(2020) Using mobile devices to enhance inquiry-based learning processes. *Learn. Instr.* 69, 101350

CALDERÓN, S., NÚÑEZ, P. Y LACCIO, J.L. (2015) "Aulas laboratorio de bajo costo usando TIC" *Rev. Eureka de Enseñanza y Divulgación de las Ciencias*, 12, 212-226

COUNTRYMAN, C. L., (2014) "Familiarizing Students with the Basics of a Smartphone's Internal Sensors", *The Physics Teacher* 52, 557-559

EUROPEAN PLATFORM FOR SCIENCE TEACHERS (2014) *Smartphones in Science Teaching.* Science on Stage, Deutchland

EUROPEAN PLATFORM FOR SCIENCE TEACHING (2014) *Smartphones in Science Teaching: Additional Materials: APP* Science on Stage, Deutchland

GIL, S. Y DI LACCIO, J.L. (2017) "Smartphone, una herramienta de laboratorio y aprendizaje: Laboratorios de bajo costo para el aprendizaje de las ciencias" *Lat. Am. Jour. Phys. Educ.* 11, 1

GIL, S. (2014) *Experimentos de Física usando TIC y elementos de bajo costo*, Eds. Alfaomega, Buenos Aires.

HOCHBERG, K., BECKER, S., LOUIS, M., KLEIN, P., KUHN, J., (2020) "Using smartphones as experimental tools – a follow-up: cognitive effects by video analysis and reduction of cognitive load by multiple representations". *J. Sci. Educ. Technol.* 29(2), 303–317

KUHN, J., VOGT, P. (2012) " iPhysicsLabs. *Column editors'* note". *Phys. Teach.* 50, 118

KUHN, J., VOGT, P., (2013) "Applications and Examples of Experiments with Mobile Phones and Smartphones" in *Physics Lessons, Frontiers in Sensors* 1, 67-73

KUHN, J. & VOGT, P. (2022) *Smartphones as Mobile Minilabs in Physics.* Springer Eds. Switzerland

LACCIO, J.L., FERRÓN, M., DI LACCIO, A. Y GIL, S. (2016) *Física incluyendo Smartphone.* Depto. De Física del CENUR. Uruguay.

LORENZO RAMÍREZ, J. (2019) *Experimentación en Física con dispositivos móviles.* Experimentación en Física con dispositivos móviles (wordpress.com)

NEMES, N.M. (2019) *Utilizando los teléfonos móviles en el aprendizaje de la Física.* Univ. Complutense. Madrid.

ODENWALD, S. (2019) *Experimenter's Guide to Smartphone Sensors.* Nasa Space Science Education Consortium.

VIEYRA SOFTWARE (2020) *Introduction to Smartphones as a Teaching Tool : All Lessons.* Physics Toolbox

vieyra-software (vieyrasoftware.net)

WISMAN, R.F., FORINASH, K. (2008) "Science in your pocket". In: *Proceedings of the 5th International Conference on Hands-on Science Formal and Informal Science Education (HSCI)*, 180–187